选矿企业节能减排技术

李朝晖　王敬功　郭秀平　庞玉荣　王　素　编著

机　械　工　业　出　版　社

本书通过大量的生产实例，全面系统地介绍了选矿企业的节能减排设备和工艺，并对创建环境友好型与节能型选矿厂进行了初步探索，可使读者从不同的角度快捷地了解选矿企业在经济新常态下节能减排、环境治理工作的内涵和发展途径。本书主要内容包括绪论、矿石准备作业阶段的节能减排技术、选别作业的节能减排技术、精矿及尾矿处理作业的节能减排技术和选矿企业节能减排评价体系。本书包括了选矿企业生产的各个主要环节，针对性、实用性强。

本书可供矿业开发、矿产资源综合利用和矿物加工领域的工程技术人员及管理人员参考，也可供相关专业的在校师生参考。

图书在版编目（CIP）数据

选矿企业节能减排技术/李朝晖等编著. —北京：机械工业出版社，2018.8

ISBN 978-7-111-60476-1

Ⅰ.①选… Ⅱ.①李… Ⅲ.①选矿厂-节能-研究 Ⅳ.①TD928

中国版本图书馆CIP数据核字（2018）第149474号

机械工业出版社（北京市百万庄大街22号 邮政编码100037）

策划编辑：陈保华 责任编辑：陈保华 责任校对：王 欣

封面设计：马精明 责任印制：孙 炜

天津翔远印刷有限公司印刷

2018年8月第1版第1次印刷

169mm×239mm · 11.5印张 · 181千字

标准书号：ISBN 978-7-111-60476-1

定价：79.00元

前　言

本书使用的节能减排概念，是指节约能源、降低消耗和减少环境有害物排放。从这个意义来说，节能减排包括节能和减排这两大环境保护技术领域。节能必定减排，而减排却未必节能。因此，减排同时必须加强节能技术的应用，以避免因片面追求减排结果而造成的能耗剧增，注重社会效益和环境效益均衡。

选矿企业（或称选矿厂）是矿山企业的一个主要生产单位和重要组成部分。它的主要功能是将采矿场提供的矿石，采用适宜的物理化学工艺流程提高矿石中的有用矿物含量，获得高含量有用矿物矿石产品，提供给冶炼企业（或称冶炼厂）进一步加工提纯成纯金属制品。

节能减排、减少环境污染是建立现代新型选矿企业模式的指导思想，是实现可持续发展的重要措施。其主要内容与意义如下：

1）通过选择无污染、少污染的矿山选矿工艺与设备，结合选矿企业改扩建工程，更新落后、高能耗、污染重的工艺和设备，使选矿过程能耗降低，污染物排量减少。

2）通过选择无毒、低毒、少污染的原（辅）材料和清洁能源，减少选矿污染物处理的费用。

3）通过开展选矿过程中水资源和矿山选矿二次资源的循环利用和回收利用，提高资源和能源的综合利用水平。

4）通过全过程的控制提高企业的整体素质。节能减排贯穿选矿生产全过程，是涉及选矿各部门的庞大的系统工程，既有技术问题，也有管理问题，需要各方的共同努力。

5）通过减少废物的排放，使矿山企业员工不再在有污染的生产环境中工作和生活，避免对矿山企业员工健康造成威胁。

本书撷取了近十几年来黑色金属、有色金属和黄金选矿企业在上述五个方面选矿理论、设备和工艺的生产实践，试图对选矿节能减排设备和工艺做一系统总结，对创建环境友好型、节能型选矿厂进行初步探索。本书注重实例，强调技术的实用性，以是否应用于生产实践，取得节能减排实际效果作为选矿节能减排技术取舍标准，使读者从不同的角度快捷地了解选矿企业在经济新常态下节能减排工作的内涵和发展途径。

本书介绍的节能减排技术涵盖了破碎、筛分、预选、磨矿、分级、磁选、浮选、重选、脱水、尾矿安全排放、选矿节能减排绩效评价等选矿企业生产和管理的各个主要环节，是一本难得的实用技术书籍。

当前，我国正在以“两个一百年”和实现“中国梦”为目标，加快发展现代能源产业，坚持节约资源和保护环境的基本国策，把建设资源节约型、环境友好型社会放在工业化、现代化发展战略的突出位置，努力增强可持续发展能力，建设创新型国家。本书愿意为此添砖加瓦，与业内有志之士一起，为我国矿业经济发展和繁荣做出更大贡献。

另外，在本书编写过程中，唐平宇、赵丙辉、田江涛等也不同程度地参与了书稿的整理工作，在此表示衷心的感谢。

作　者

目　录

第一章 绪论

第一节 节能减排概述

节能减排出自《国民经济和社会发展第十一个五年规划纲要》。该纲要中明确要求在“十一五”期间，相比 2005 年基数，我国单位国内生产总值能耗降低 20%，主要污染物排放总量减少 10%。“十一五”以来，国务院及各部委颁布了许多有关节能减排的政策规定，与节能减排有关的部分政策法规见表 1-1。

表 1-1 “十一五”以来与节能减排有关的部分政策法规

政策法规名称	简　介
当前国家鼓励发展的环保产业设备(产品)目录(2007 年修订)	2007 年 4 月 30 日发布。主要明确了七大类、107 项环保产业设备的主要指标及技术要求、适用范围,是企事业单位研发、生产的重要依据
中央财政主要污染物减排专项资金项目管理暂行办法(环发[2007]67 号)	2007 年 5 月 11 日由国家环境保护总局、财政部制定。主要是为确保主要污染物减排指标、监测和考核体系建设顺利实施,推动主要污染物减排目标的实现
关于建立政府强制采购节能产品制度(国办发[2007]51 号)	2007 年 7 月 30 日由国务院办公厅制定。主要目的就是加强政府机构节能工作,发挥政府采购的政策导向作用,建立政府强制采购节能产品制度,在积极推进政府机构优先采购节能(包括节水)产品的基础上,选择部分节能效果显著、性能比较稳定的产品,予以强制采购
旧设备出口退(免)税暂行办法(国税发[2008]16 号)	2008 年 1 月 25 日由国家税务总局制定。主要是为鼓励企业实施“走出去”开发战略,对企业旧设备的出口退(免)税具有现实意义
污染源自动监控设施运行管理办法(环发[2008]6 号)	2008 年 3 月 18 日由国家环境保护部印发。主要是为加强对污染源自动监控设施运行的监督管理,保证污染源自动监控设施正常运行,加强对污染源的有效监管,落实污染减排“三大体系”(节能减排统计、监测和考核体系)建设的重要措施

（续）

政策法规名称	简　介
中华人民共和国节约能源法	2008年4月1日起施行。从法律层面将节约资源明确为基本国策，把节约能源发展战略放在首位。该法对提高能源利用效率，保护和改善环境，促进经济社会全面协调可持续发展有着重要作用。修订后的《节约能源法》，突出明确了政府机构在节能方面的义务，强化了对重点单位的监管，增加了对节能措施的“激励”政策
国家级绿色矿山基本条件	2010年8月由国土资源部制定发布。文件从依法办矿、规范管理、综合利用、技术创新、节能减排、环境保护、土地复垦、社区和谐、企业文化九个方面对绿色矿山的基本条件进行规定
中华人民共和国环境保护税法	2018年1月1日起施行。为了保护和改善环境，减少污染物排放，推进生态文明建设，自该法施行之日起，依照规定征收环境保护税，不再征收排污费。征收对象是直接向环境排放应税污染物的企业事业单位。应税污染物是指大气污染物、水污染物、固体废物和噪声

从表1-1可以看出，国家出台了相应的政策和制度，建立了相对比较完善的节能减排管理体系，建立了有利于节能减排的市场机制和有利于节能减排的循环经济模式。虽说在摸索中积累了一些经验，但还不是很成熟，还有一些不足，因此加强对节能减排体系的研究，对我国具有非常重要的意义。

结合国外节能减排开展比较好的国家的节能减排政策、制度以及做法，同时结合我国自己的特点，发现我国有关选矿企业节能减排政策、制度以及做法存在一些问题。主要表现在以下两点：

1）节能与减排关系处理不当。查阅国家政策、制度发现普遍重视节能而忽视减排，只注重节能的考核忽视减排的评价考核。节能需要时间、需要科技创新，更何况节能是一个艰难的过程，而减排则是刻不容缓的。

2）节能减排契机下的标准化制度建设不完善。标准化是指为在一定范围内获得最佳秩序，对现实问题或潜在问题指定共同使用的条款活动。标准化使工作有一个统一的衡量标准，标准化有助于提高解决实际问题的效率，有助于技术的推广和管理能力的提升，以及责任的明确，最终达到消除浪费减少污染的效果。根据相关数据显示，当前选矿企业节能减排所面临的形势依然严峻。节能减排工作之所以没有取得理想的成效，归根结底是由于我国的标准化体制不完善所造成的。主要问题有以下几个方面：管理监督体制不完善，追究机制不到位；标准不健全；已经制定的标准水平不高；标准之间不够协调；标准未能得到有效实施；标准化法制定过早，过于粗糙滞后，需

要进一步完善标准化工作。

建设环境友好型社会，就要保证环境的和谐美好。节约能源降低能耗，减少污染物排放，是转变发展思路、创新发展模式、提高发展质量、彻底转变经济发展模式的重要途径。在不断推进节能减排工作的社会大背景下，完善节能减排政策和制度，是当前最紧迫的工作。只有政策和制度规范了，在选矿企业推进节能减排工作才能有法可依，才能实现人与自然的协调发展。

第二节　选矿企业的节能减排

选矿是采矿和冶炼的中间环节。选矿企业的节能减排工作，除与自身有关外，还与选矿企业组织形式、选矿企业在产业链中的地位密不可分。

1. 选矿企业的组织形式

根据矿产资源种类差异，我国选矿企业的组织形式也不尽相同。以选矿企业是否独立经济核算，且与采矿或冶炼企业是否同属一个经济组织为标准，选矿企业可分为独立选矿企业、采选联合企业和采选冶联合企业三种组织形式。

黑色金属矿山如铁矿，通常选矿企业是独立的，如河北省一个时期以来为数众多的中小铁选矿厂；也有采选联合企业，如河北钢铁集团司家营铁矿、首钢大石河铁矿和马钢南山矿凹山选矿厂等；几乎没有采选冶联合企业，这是因为钢铁冶炼厂规模很大，比如宝钢炼铁厂规模为年产生铁 650 万 t。

有色金属矿山则不然，独立选矿企业很少，通常是采选联合企业，如山西垣曲胡家峪铜矿、深圳中金岭南有色金属股份有限公司凡口铅锌矿、江钨集团江西大吉山钨矿等；或采选冶联合企业，如湖南水口山有色金属集团有限公司（原水口山矿务局）柏坊铜矿和西部矿业集团西藏玉龙铜业股份有限公司等。

不同组织形式的选矿企业，面对的是不同类型的企业经营成本，不同种类的能源和原材料消耗，不同性质的废弃物排放，不同要求的节能减排效果。因而，企业制定的节能减排措施，采用的节能减排技术，追求的节能减排结果也有差别。

为了便于讨论，本书中提到的选矿企业，除非特别注明，都是包括破

碎、筛分、磨矿、分级、磁选或浮选或重选、过滤等主要工序的独立选矿企业。

2. 选矿企业节能减排的关联性

矿山采选企业和冶炼企业是一个不可分割的整体，是一个完整的产业链。矿石经开采送往破碎、磨矿、选别得到合格的矿物粗加工产品；然后采用焙烧、熔炼、电解以及使用化学药剂等方法炼成所需要的金属。整个过程是矿石到金属的过程，也是原材料到产品的过程。

采选冶企业采取有效措施推进节能减排，关系到全产业链中每一个企业的单位能耗和经济效益，所以采选冶企业一定要有全产业链降低能耗和排放的概念，重视采选冶企业的整体性。也就是说，全产业链中每个企业的节能减排工作都与产业链中其他企业存在关联性。具体表现在以下几方面：

（1）矿石破碎能耗与采选工艺关系　矿石的粉碎包括爆破、破碎和磨矿 3 个作业环节。从作业性质上看，爆破、破碎、磨矿连成一条作业线，承担着将矿石粒度从大加工到小的任务。

据统计，我国传统矿石粉碎过程的能耗分布为：爆破能耗占 3% ~ 5%，破碎能耗占 5% ~7%，磨矿能耗占 88%~92%，矿石粉碎过程中能耗分布极不合理。究其原因，一方面是由于经济和体制等原因，采矿场和选矿厂常常是各自经营、独立核算的；另一方面是受到专业条块分割的限制。因此，很少有人将本来联系十分紧密的采矿和选矿两个专业（采矿的产品是选矿的原料）联系起来，综合考虑采选联合节能的途径，更忽略了将整个碎矿过程——爆破、破碎和磨矿及相关的大块处理、铲装和运输作业作为一个系统去考察、研究，阻碍了矿山整体效益的提高。

从提高能量利用率的角度考虑，采取适当提高系统中能量利用率较高的爆破和破碎的加工比例，降低系统中能量利用率较低的磨矿加工比例，实现矿石粉碎能耗的合理分布，使矿石粉碎总能耗降低，是矿山企业节能降耗的根本途径。

（2）入选原矿品位在采选间的关系　选矿厂原矿品位的高低和稳定直接影响选矿指标和处理矿石的能耗。

选矿生产对入选的原矿石一般都有质量和质量指标允许波动范围的要求。如果入选原矿石质量波动大而且频繁，就迫使选矿生产做出相应的频繁调整，而且这种调整总是滞后于矿石性质的波动。于是引起生产不正常，造

成精矿产品质量低，回收率和产量下降。入选原矿石质量指标的波动对选矿工艺的影响是多方面的。

通常减小入选原矿石质量波动对选矿生产指标不良影响的最有效做法就是配矿。因此，除了选矿厂要进一步加强内部管理、规范岗位操作、积极适应原矿石性质频繁波动的现实条件外，更需要进一步强化生产组织管理，采取简单、科学而且严格的配矿与混匀措施，在井下和地面同时做好原矿石的配矿工作，使入选原矿石的品位、矿物组成、硬度、粒度及其他物理性质保持稳定。这是改善原矿石质量、稳定选矿指标的有效途径。

（3）提高选矿产品质量，降低冶炼能耗及排放　以铁矿为例，我国铁矿资源丰富，储量仅次于俄罗斯、加拿大、澳大利亚和巴西等国家，矿床类型种类多，但大部分以贫、细、杂难选的矿石形式存在，S、P、SiO_2等杂质含量高，经选别后，铁精矿质量普遍不高。与此同时，钢铁企业大部分的能源和资源消耗都在炼铁系统，大部分的排放物也来自炼铁系统。同国外钢铁企业相比，我国的高炉利用系数偏低，燃烧热耗高，冶炼成本高。

铁精矿含铁品位越高，越有利于降低高炉焦比和提高产量。因为矿石含铁量增加，脉石量就少了，冶炼1t生铁的熔剂用量和渣量也随之降低。一方面减少了炼铁的热量消耗；另一方面由于渣量减少改善了料柱透气性，使高炉易于接受风量，同时煤气利用率得到改善，生铁产量增加，焦比降低。经验表明，矿石品位提高1%，焦比可降低2%，生铁产量增加2%~3%。不难看出，增产和节焦的幅度大大超过了品位增长的幅度。这是由于铁精矿品位提高后，冶炼1t生铁的熔剂用量和渣量大大减少的结果。因此，提高铁精矿含铁品位是炼铁高炉增产和节能减排最有成效的措施。

铁矿选矿厂该如何确定合理的精矿品位？以前采用的评价方法考虑问题往往只限于一个选矿厂范围之内。当前许多同业者取得共识，应当在选矿—烧结—炼铁的大范围来研究和讨论“选矿合理品位和回收率的关系”，得到低成本、高效益和低排放的铁精矿品位作为合理精矿品位，从而提高企业的总利润，降低企业总能耗，减少企业总排放。只有这样，才能保持我国铁矿山的持续发展。

3. 选矿企业节能减排涵盖的内容

依据《中华人民共和国节约能源法》和《中华人民共和国循环经济促

进法》，以及 GB 50595—2010《有色金属矿山节能设计规范》和即将颁布的《黑色金属矿山节能设计规范》等相关规范，选矿企业节能减排工作一般包括以下内容：

1）改善流程结构，“多碎少磨”“能收早收，该丢早丢”。

2）选用先进节能的工艺流程，采用先进的、高效节能型选矿设备。

3）选矿设备大型化，可以降低选矿厂单位处理量能耗。

4）选矿过程自动化。选矿厂实施自动化检测和控制，可以保证生产设备在最佳技术状态下运行，充分发挥其效能，达到预期的技术指标和能耗指标。

5）充分利用周边的社会资源。随着经济建设发展，在矿区附近都建有与矿山辅助生产设施类似的社会资源。因此除了必要的辅助生产设施自行建设外，其余的辅助生产设施可利用周边社会资源，既可提高社会资源的利用率，又可节省能耗、提高设施利用率。

6）完善选矿厂能耗计量、统计及考核制度。为了节能降耗，各选矿企业都应按照相应规范中提出的有关能耗值，对用能单位、次级用能单位、基本用能单元进行考核。

7）矿山企业在开采主要矿种的同时，应当对具有工业价值的共生和伴生矿实行综合开采、合理利用；对必须同时采出而暂时不能利用的矿产以及含有有用组分的尾矿，应当采取保护措施，防止资源损失和生态破坏。

8）国家鼓励企业利用无毒无害的固体废物生产建筑材料，使用散装水泥，推广使用预拌混凝土和预拌砂浆。

9）企业应当按照国家规定，对生产过程中产生的粉煤灰、煤矸石、尾矿、废石、废料、废气等工业废物进行综合利用。

10）企业应当采用先进技术、工艺和设备，对生产过程中产生的废水进行再生利用。

参考文献

[1] 国家节能减排政策法规荟萃 [J]. 中国设备工程，2008（7）：2.

[2] 张刚刚，金凡. 透过节能减排政策和制度看中国节能减排 [J]. 武汉理工大学学报，2010，32（4）：16-19.

[3] 李占金，乔国刚，米雪玉，等. 冀东磁铁矿石粉碎过程节能降耗研究 [J]. 中国矿

业大学学报，2008，37（5）：625-629.
[4] 中华人民共和国住房和城乡建设部，中华人民共和国国家质量监督检验检疫总局. 有色金属矿山节能设计规范：GB 50595—2010［S］. 北京：中国计划出版社，2010.

第二章 矿石准备作业阶段的节能减排技术

矿石准备作业一般指选别前矿石的粉碎作业，通常包括破碎筛分和磨矿分级，有时，还可包括洗矿、预选等作业。它是将矿石通过破碎（或磨矿）等主要手段，使有用矿物与脉石矿物单体解离，达到入选粒度要求的过程。在选别过程中，为满足下一个选别作业粒度的要求，还可在中间加入一定的粉碎作业。

矿石准备作业的节能减排技术，就是采用合理的破碎和磨矿设备，与筛分、分级及预选等工序的设备配合组成碎磨工艺，降低破碎筛分、磨矿分级等工序能量、材料消耗，降低废水及粉尘排放，使选别、精尾矿处理等后续作业能耗降低，减少细粒级尾矿及废水排放。

第一节 概　述

破碎筛分与磨矿分级是矿石准备作业的“标配工序”。它们能有效地使矿石中各矿物解离并按粒度分级，是选矿厂中必不可少的环节。破碎与磨矿设备投资和能耗均占选矿厂总投资和总能耗的50%以上，也是粉尘、噪声等排放的重点部位。矿石准备作业阶段的节能降耗是选矿厂降低成本、增加经济效益的重要手段之一，也是选矿企业降低污染物排放、减少环境污染的重要环节。

（1）选矿企业的高效节能措施　“多碎少磨，能收早收，能丢早丢”是选矿企业长期生产实践的经验结晶和一贯坚持遵循的技术原则，是公认的高效节能措施。

因为破碎机比磨矿机用于破碎矿石的有用功的能量转换利用率高，即破碎矿石比磨碎矿石的能量转换效率高，所以在一定的粒度范围内，破碎矿石所需要的单位能耗比磨矿的单位能耗低。据生产资料统计结果显示，破碎工序电耗仅占全厂电耗的7%～10%，而磨矿工序电耗一般占全厂电耗的

40%~60%，部分选矿厂甚至达到65%~70%，可见磨矿工序是选矿厂的能耗大户。

许多选矿厂实践表明，减小球磨机给矿粒度，可以明显地提高磨矿效率，即在同样磨矿产品细度的条件下，减小球磨机给矿粒度可以提高磨矿机的生产能力，降低破碎磨矿作业综合能耗。因此，要实现选矿厂节能，“多碎少磨”是主要措施之一。

“能收早收，该丢早丢”是指根据矿石的可选别性能，在矿石进入选矿流程中对可以回收的尽早加以回收，对可以丢弃的尽早排除，以减少后续作业的矿石处理量，达到节能降耗的目的。

铁、钨、锡、锑类选矿厂采用预选丢废、阶段磨矿、阶段选别，在不同粒级段及时选出合格产品并排除最终尾矿的流程；铜、铅、锌类选矿厂采用粗磨后先丢弃尾矿，再对粗精矿再磨再选或粗磨后产出合格精矿，对中矿再磨再选的流程，都体现着“能收早收，能丢早丢”的技术原则。尽早收回合格精矿，或者尽早丢弃低品位的尾矿或废石，都可以较大幅度地减少后续磨矿、选别的矿石量，既可以节约能耗，降低生产成本，又可以降低磨选作业造成的噪声污染、尾矿排放，从而减少选矿企业对环境的污染。

（2）选矿厂除尘　选矿企业的粉尘主要由矿石微粒和其他粉状物组成，状态上分为干粉尘和湿粉尘。一条完整的矿物加工生产线，需要经过破碎、筛分、预选、磨矿、分级、选别、带传送、运输、转载等工序。每一道工序，伴随着矿石的碎裂与移动，细微级颗粒会逐步分离出来，从而会产生越来越多的粉尘。这些粉尘加快设备的磨损，降低机器工作精度，并使产品质量下降，不仅污染环境，对原料本身也是一种损耗，对周围居民及工人的健康极为有害，当粉尘颗粒达到一定浓度时还会引起爆炸。

粉尘每年给国家带来巨额直接和间接经济损失。据调查统计，每位尘肺病患者每年的直接费用需要4万~5万元，截至2008年年底我国已经确诊尘肺病患者638234例，仅此一项每年的经济费用达250亿~300亿元。据专家预估，实际尘肺病人数量远大于此。此外，从矿山本身来看，粉尘占到矿石3%的比例，这也意味着粉尘既是污染，也是一种资源的流失。粉尘会使光照度和能见度降低，影响室内作业的视野。有些粉尘还会对建筑物造成物理或化学的侵蚀。

针对粉尘，目前有密闭式抑尘、过滤式除尘、电除尘、喷水或喷雾除尘、生物纳米抑尘等解决方法。比较好的方式是电除尘和生物纳米抑尘。纳米抑尘不但融合了湿尘清除、喷水捕尘和静电除尘的原理，更独创性地提出了粉尘聚合的理论。纳米膜能用自身的电极性吸引和团聚小颗粒粉尘，使小颗粒粉尘聚合成大颗粒尘粒，并自行沉降。

第二节　矿石准备作业的节能减排设备

选矿设备是选矿厂生产流程中的专用机械设备，在大多数情况下是多类型、多台数组合连续运行的，也是与选矿工艺指标密切相关的。选矿设备和自动化技术水平代表了选矿厂的装备水平，直接影响工艺过程的稳定性和选矿厂的运转率以及能耗水平。

矿石准备作业的节能设备，是矿石准备作业阶段节能减排技术的核心，是矿石准备作业阶段的节能减排技术关键。

一、矿石准备作业的各工序与节能减排设备

1. 破碎工序

选矿厂大量实践表明，降低最终破碎产品粒度（即入磨粒度）是破碎工序增产、节能、降耗的重要途径。选矿厂实现多碎少磨的关键是降低最终破碎产品粒度，因此破碎节能设备在矿石准备作业节能减排技术所占比重大于粉磨设备，其中又以细碎和超细碎设备占较大比重。近年来，北京矿冶研究总院研制的 PEWD 型大破碎比颚式破碎机和 GYP 型惯性圆锥破碎机、Svedala 的 H 系列和 Nordberg 的 HP 系列超细碎圆锥破碎机等，获得了破碎粒度细、产量高、能耗低的优越性能，大大推进了破碎工序节能减排技术。

2. 磨矿工序

当前，磨矿设备作为选矿生产中的关键环节之一，不断向大型化、节能化方向发展，适应了生产规模不断扩大、产品粒度越来越细、生产能耗不断降低的发展要求。磨矿工序节能设备以节省磨矿能耗和钢耗为重点，不断研制新型高效、低能耗的磨矿设备，改进磨矿机的筒体衬板材料和结构形状，改进磨矿介质的形状和材质，改善磨矿机传动方式，采用磨矿机组的自动控制等，从而在保证磨矿产品细度的条件下，提高了磨矿机的生产率和磨矿效率，降低了磨矿能耗、钢耗和生产成本。

3. 预选工序

传统的干式磁选抛废主要用于选分大块和粗粒强磁性矿石。由于受矿石

含水量、磁性率、给矿粒度的影响，磁滑轮抛废品位波动较大，对细粒强磁铁矿石的选别效果不理想。粉矿湿式预选是近年来发展的一项操作性较强的新技术，主要用来处理粒度为0~20mm的细粒强磁性矿石，应用后可大幅降低选矿成本，提高磨矿效率。湿式预选的效果要比干式预选的效果好，且不易产生粉尘。

细粒干式弱磁场磁选设备有许多优点，如工艺流程简单，不消耗水，可以节省脱水、浓缩和过滤的作业等，因此投资少，厂房面积小，基建费用低。然而，干式圆筒磁选机存在的主要问题是技术指标较低、粉尘难以控制，所以随着环境保护的要求越来越高，它逐渐被湿式弱磁选机取代。目前细粒干式弱磁场磁选设备仅用于缺水和严寒地区的选矿厂。

4. 筛分和分级工序

筛分和分级都是将矿石分成不同粒级的工序。两者区别只是前者在较粗粒度下（通常大于0.25mm），根据矿石几何尺寸差异使用筛分设备完成；后者在较细粒度下（通常小于0.25mm），根据矿石沉降速度差异使用分级设备完成。

筛分设备和分级设备的节能，包括其设备本身降低能量和材料消耗，减少粉尘、废水和噪声排放，更为重要的是，两者应提高筛分效率和分级效率，增加与之配合的破碎和磨矿设备生产能力。

二、破碎工序的节能减排设备

（一）美卓 Nordberg C 系列颚式破碎机

美卓 Nordberg C 系列颚式破碎机品种较多，共有12种（规格从C63到C3055），配备电动机的功率为45~400kW，给料粒度为350~1200mm，设备质量为6~23t。

1. 节能减排特点

1）C系列颚式破碎机机架采用整体钢板裁截，螺栓穿孔连接，有利于某些条件下分装、分运和井下现场组装。机架结实，不易开裂。

2）楔铁排矿口调整机构，可以使用专用扳手或借助液压系统方便快速连续调整排矿口。

3）每台设备随机配有电气控制系统，电控柜上还有该设备累计运转时间，使用和维护人员可根据该时间指示定期给设备润滑和更换易损件。

4）性能良好，自动控制技术先进，实现了机电一体化、智能化。

该破碎机的设计注重了高效和节能，更加注重了机电一体化和电子控制技术的同步发展。机械与电子的结合，机械技术与控制技术、信息技术、传感技术的结合使开发机电一体化的破碎设备和新一代智能型破碎设备成为现实。

2. 应用实例

C 系列颚式破碎机在我国铁矿山得到广泛应用，已安装数百台，其中两台最大型号的 C200 型颚式破碎机安装在太钢尖山铁矿，三台 C160 型颚式破碎机安装在河南舞阳矿业公司的铁矿选矿厂和石料厂，两台 C140 型颚式破碎机安装在马钢南山铁矿，两台 C140 型颚式破碎机安装在梅山铁矿井下，两台 C125 型颚式破碎机安装在武钢大冶铁矿井下等。下面重点介绍在嵩县丰源钼业有限责任公司的应用情况：

该矿山选用三段两闭路的破碎工艺，粗碎选择美卓 C125 型颚式破碎机。中细碎是两台美卓 HP300 型圆锥破碎机。所谓三段两闭路指的是初碎产品经过 1 号传送带到达筛子，一部分矿块进入中碎，中间粒级的进入细碎，中细碎的产物通过 2 号传送带返回到筛子进行再次筛选，依次循环进行。

丰源钼业与美卓矿机的合作始于 2005 年，全部破碎系统的设备都由美卓矿机提供。其中包括振动给料机、C125 型颚式破碎机、HP300 型圆锥破碎机等。从 2005 年装机到现在，美卓设备性能稳定，很大程度地提升了破碎环节的生产率，为后续环节的稳定运行奠定了坚实的基础，也在一定程度上提高了磨选设备的使用效率和寿命。另一方面，备品备件的质量和寿命对于保障总产量和作业效率而言至关重要。丰源钼业的设备运转率很高，基本可达到 97%，1 年可以连续工作 354 天以上。这样高速的生产节奏，势必与设备的稳定性和持续性息息相关，也与备品备件的及时更换及设备维护保养密不可分。

（二）超级耐磨外动颚系列颚式破碎机

北京矿冶研究总院推出新型低矮大破碎比外动颚匀摆颚式破碎机，属于新一代高效、节能、低磨损破碎设备，它发展为两个系列的产品：PA 低矮系列和 PD 大破碎比系列。PA 低矮系列适用于井下工作，给料高度比同规格普通破碎机低 25%~30%。PD 大破碎比系列破碎比最大可达 15，在某些

场合可减少破碎段数。

1. 节能减排特点

PEWA90120外动颚低矮颚式破碎机用传统复摆破碎机的连杆作为破碎机边板，动颚与连杆是分离的，改变了多年以来传统复摆颚式破碎机以四连杆机构中的连杆作为动颚的传统设计。只需改变结构参数，就可以调整动颚的运动轨迹，从而获得较好的动颚运动特性。破碎比是传统颚式破碎机的2~3.5倍，处理能力可提高20%，耗能低了20%~30%，具有良好的经济效益。其节能减排特点如下：

1）外形低矮。该机采用外动颚及负悬挂的结构设计，带轮及飞轮不在设备的上部，而在中部两侧，这大大降低了设备的整体高度。新机型由于破碎腔的倾斜布置，大大降低了喂料的高度，从而减少了硐室的开凿量。

2）动颚运动轨迹理想。外动颚匀摆颚式破碎机从改变机构原理入手，使动颚与连杆分离，连杆的运动特性已经不再约束动颚的运动特性。只要改变机构参数，就可以很灵活地调整动颚运动轨迹。这种新颖的机构原理彻底改变了传统颚式破碎机动颚运动轨迹，由此合理地设计机构参数，可获得传统颚式破碎机不能获得的理想动颚运动特性。

3）衬板寿命长。PEWA90120外动颚低矮颚式破碎机的动颚运动轨迹磨损方向行程及行程比远远小于传统PEF90120颚式破碎机，因而减少了衬板的磨损，延长了衬板的使用寿命。

4）生产能力高，能耗低。由于新机型动颚与静颚的位置与传统复摆颚式破碎机正好相反，动颚的往复运动为破碎机提供了可靠的进料保障，并促进排料，所以生产能力比传统颚式破碎机高。

从动颚运动轨迹分析，PEWA90120破碎机以较小的偏心距可获得比同规格传统颚式破碎机PEF90120大的动颚破碎行程，因此设备运行平稳，转速提高10%，生产能力提高。

PEWA90120破碎机小的磨损行程大大减少了无用功，能耗低；单机比传统设备节能15%~30%，破碎系统节能1倍以上。

5）调整排放口方便及粉尘小。该机由于采用了独特设计，可调颚由悬挂轴悬挂在机架上，下部通过肘板与机架相连，通过调整肘板，可调颚绕悬挂轴旋转，以改变排料口大小，控制排料粒度。依靠可调颚的自重便可轻松调整排放口的大小，使调整垫片不需要液压装置，降低了成本。调整好后，拉紧拉杆，使可调颚、肘板与肘板座紧密接触。该机型不用传统复摆颚式破碎机那样的偏心连杆套环装置，而是通过活动边板将偏心运动传到外侧的动颚上，破碎腔呈倾斜状态，所以粉尘不易四处飞扬，减少了粉尘污染，有利于环保。由于偏心距小，整机运转平稳，运转带来的噪声比传统复摆颚式破碎机要小得多。

2. 应用实例

（1）安庆铜矿应用 PEWA90120 的情况　安徽钢都钢业股份有限公司安庆铜矿在-580m 以下探部开拓工程重大基本建设中，投资 500 万元进行深部开采井下破碎机系统改造，包括在-616m 新开挖一个破碎硐室，建设卸载、运输及装载系统，新增两台 900mm×1200mm 颚式破碎机和相应的装、运、卸及配套设备。

为减少井下破碎硐室的开凿量，满足破碎块度和生产能力的要求，该矿同时在一个硐室安装了一台传统的复摆颚式破碎机、一台 PEWA90120 外动颚低矮颚式破碎机。

现场工业试验性能对比结果表明，新型 PEWA90120 型外动颚低矮破碎机各项性能指标大大优于传统 PEF90120 型复摆颚式破碎机，见表 2-1。井下工业试验成功后即转入生产，至今设备运转良好，各项性能指标达到设计要求。生产实践表明，该机性能优良，操作维修方便，运行可靠，成本低，设备开工率达 97%。

表 2-1　外动颚低矮破碎机与传统颚式破碎机性能对比

项　目	传统 PEF90120 型	新型 PEWA90120 型	指标差距
生产能力/(t/h)	550	670	提高 21.82%
产品粒度/mm	<240	<190	降低 20.83%
整机高度/mm	3025	2250	降低 25.60%
喂料高度/mm	2640	1500	降低 43.20%
硐室高度/m			减小 1.6
硐室容积/m^3			减小 620.4
衬板寿命	2 个月	6 个月	提高 3 倍
整机功率/kW	110	90	降低 27.30%

（2）鑫宇磁铁矿采选有限责任公司应用 PD6090 的情况　鑫宇磁铁矿采选有限责任公司位于河北省赤城县，前期矿石性质为风化贫磁铁矿，原矿铁品位仅有 13%左右。为了节能降耗，降低整个选矿作业成本，在破碎流程

设置了干磁抛尾，在磨矿前抛掉了废石，减少了入磨矿石量，增加了入磨品位，从而大幅度提高了经济效益。为了降低甩尾时的粒度，选用了 LFP1750 立轴破碎机作为末段破碎设备。立轴破碎机细碎效果好，但是电耗、材料消耗大。为此。公司选用了北京矿冶研究总院研制开发的外动颚破碎机作为第一段破碎设备，增大第一段破碎比，尽量降低立轴破碎机的入料粒度。从实际应用情况来看，外动颚破碎机破碎比大，可以简化破碎流程，外形低矮，降低了工程施工量。

该公司先后购买了 6 台外动颚式破碎机，分别在 3 个矿区使用。在生产过程中，设备运转正常，性能优良，取得了显著的经济效益。以 2003 年 2 月在该公司的小张家口矿区投入使用的 PD6090 外动颚破碎机为例，截至 2006 年 5 月底，共处理铁矿石原矿 200 多万 t，平均小时处理能力为 145t。

外动颚破碎机入料粒度小于 510mm，排料粒度小于 110mm，为立轴破碎机创造了良好的工作条件，破碎流程简单，这是传统颚式破碎机所无法比拟的。

该机整机高度低矮，其高度从传统颚式破碎机的 2400mm 降到 1638mm，喂料高度从传统颚式破碎机的 1450mm 降到 1225mm，降幅均达 15% 以上，大大减少了基建投资。

该机生产能力高。根据该矿生产统计，出料粒度为 110mm 时，平均生产能力达 147t/h，最大瞬间小时生产能力可达到 250t/h。颚板磨损小，8 个月更换一次，使用寿命长。

3. 节能减排总结

企业实践表明，该设备性能稳定，设备开工率很高；操作维修方便，维护成本低，噪声低，粉尘少。

（三）山特维克 CH 系列液压圆锥破碎机

圆锥破碎机因位于矿石破碎生产线的最后阶段而处于重要地位，也是选矿厂的关键设备。近年来，由于市场的变化及需求，国内不论是破碎机用户还是制造厂商，都对圆锥破碎机产生了浓厚的兴趣，成为当前破碎机行业重点关注的机型。

1. 节能减排特点

该系列保持了早期的基本结构特点，并在各个方面采用现代设计和制造技术，使设备性能大大优化提高。其节能减排特点如下：

1）采用高能化设计思想，使设备具有较高的输入功率与生产能力比和体积与质量比。

2）主轴采用简支梁支撑形式。动锥和主轴为一个装配件，整体摆动。主轴上端和下部各有一套支撑部件，动锥位于上、下支撑之间。径向破碎力分配到上、下支撑上，整个轴系受力较好，承载能力较强。

3）动锥和定锥为陡锥形，锥角较大，造成两锥的高径比较大。动锥旋摆运动作用力沿破碎方向的分力较大，对物料的破碎作用较强；偏心距在破碎方向上的分量较大，可产生较大的破碎行程；偏心距在与破碎方向垂直的方向上分量较小，动锥衬板与物料间相对运动较小，衬板磨损较轻，寿命较长。

4）采取了高摆频、小偏心距的机构运动方式。高摆频有利于提高破碎腔内物料颗粒的破碎次数，从而提高生产能力，并降低排料粒度。

5）采用先进的自动控制系统控制液压系统进行调整，使设备性能如虎添翼。随着给料粒度、含水量和功指数等参数的变化，系统能很快将排料口调整到最佳尺寸。

6）采用恒定衬板特性（CLP）腔形，使衬板磨损造成的腔形变化减到最小，从而使生产能力和最大给料粒度受到的影响减到最小。

7）偏心套上设有3~4个键槽，可以简单地通过转动偏心套来改变偏心距，使生产能力和产品粒度达到最佳。

8）采用重型主轴，结构坚固；采用特殊合金衬板，延长寿命；主轴上端用衬套保护，延长了轴的使用寿命。

9）CH6600液压圆锥破碎机能力与传统的ϕ2134mm圆锥破碎机相同，而质量只有后者的1/3左右。CH880液压圆锥破碎机可以安装在传统的7ft（1ft=304.8mm）圆锥破碎机的基础上，但处理能力和输入功率大约是后者的2倍。

2. 应用实例

下面介绍CH895、CH880圆锥破碎机在白马选矿厂的应用。

攀钢集团矿业公司白马选矿厂破碎流程年处理650万t原矿，原中碎采用1台山特维克CH880圆锥破碎机和1台PYB2200弹簧圆锥破碎机，细碎采用2台山特维克CH880圆锥破碎机和1台CLM20060高压辊磨机，筛分采用6台2YKK3073双层振动筛。根据生产需要，2013年7月从瑞典引进2台山特维克CH895破碎机代替细碎高压辊磨机和1台山特维克CH880圆锥破

碎机，用细碎1台山特维克CH880圆锥破碎机代替中碎PYB2200弹簧圆锥破碎机，对中细、碎系统进行改造，使破碎系统产量、粒度、能耗得到了较大的改观。

白马选矿厂破碎系统采用三段一闭路常规破碎工艺流程，对粒度为0~1000mm的原矿采用三段一闭路破碎流程；对粒度为0~350mm的原矿，采用两段一闭路破碎流程。产品为粒度小于12mm的质量分数≥90%（设计为≥95%）的原矿。其工艺流程如图2-1所示。

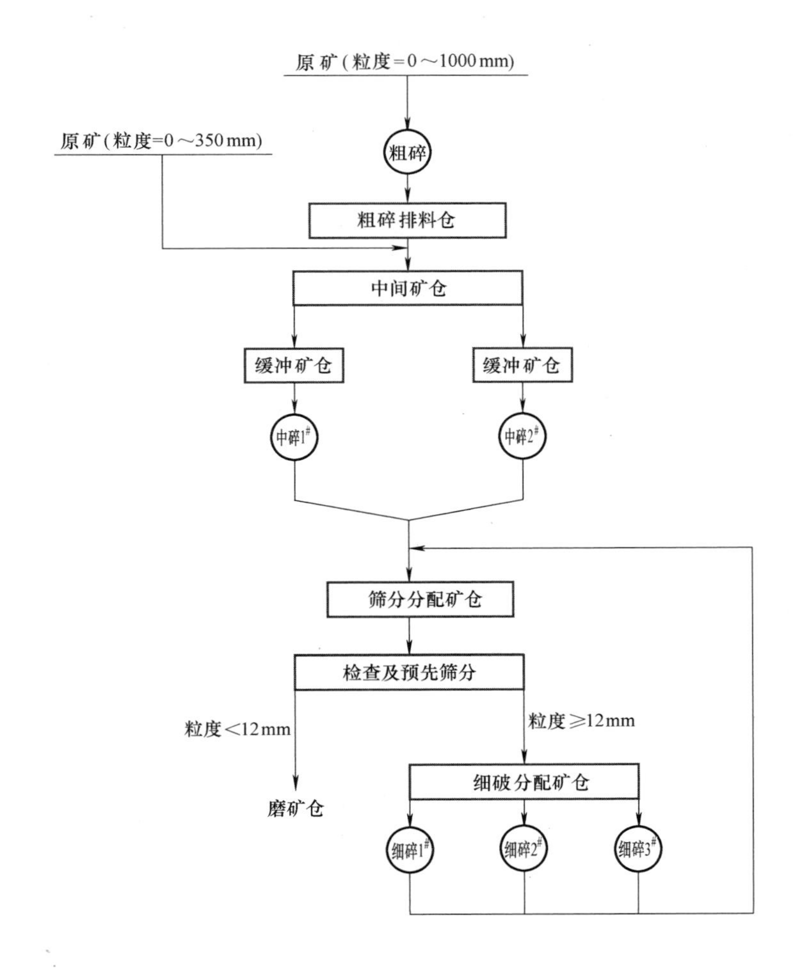

图2-1　白马选矿厂破碎系统的工艺流程

（1）矿石性质　白马铁矿是攀西地区特大型钒钛磁铁矿矿床之一。矿床中的矿石绝大多数是原生矿，风化矿所占的比例不大。白马铁矿系岩浆晚期分异型矿床，是一个以铁为主，并伴生有钛、钒及少量钴、镍、铜等多种有用组分的大型多金属矿床。主要含铁矿物为钛磁铁矿，少量赤、褐铁矿；主要含钛矿物为钛铁矿；含钴、镍、铜的矿物主要是各种硫化物。脉石矿物主要为斜长石、钛普通辉石和橄榄石，其他脉石种类多，但含量很低。其矿石的主要参数见表 2-2。

表 2-2　白马铁矿矿石的主要参数

矿　区	摩擦角/(°)	堆积角/(°)	矿石密度/(t/m^3)	松散系数	含水量(质量分数,%)
及及坪矿	26~27	38.4	3.48	1.6	3~5

（2）应用情况　在给料粒度组成一样的条件下，对 CH895 和 CH880、CH880 和 PYB2200 圆锥破碎机进行考查。2013 年 9 月 3 日和 4 日对 1 台细碎 CH895 进行考查，将 CH895 排矿分别设定在 18mm 和 17mm，压力设定在 5.3MPa，功率设定在 450kW；细碎 CH880 的数据来源于 2010 年的考查数据，考查结果见表 2-3。中碎 CH880 数据来源于 2010 年 12 月底成都某研究院的考查数据，PYB2200 数据来源于 2010 年 7 月的考查数据，考查结果见表 2-4。

表 2-3　CH895、CH880 排矿考查结果

细碎设备型号	CH895				CH880	
排矿口/mm	18		17		18	
粒度/mm	产率(%)	负累积(%)	产率(%)	负累积(%)	产率(%)	负累积(%)
≥30	2.05	100.00	0.79	100.00	—	—
25~<30	5.02	97.95	3.11	99.21	17.94	100.00
20~<25	14.88	92.92	17.63	96.1	17.33	82.06
15~<20	23.93	78.04	20.25	78.46	19.75	64.73
12~<15	11.44	54.11	14.49	58.21	12.91	44.98
< 12	42.67	42.67	43.72	43.72	32.07	32.07
合　计	100.00	—	100.00	—	100.00	—
处理量/(t/h)	908.85		870.48		649.06	

（续）

细碎设备型号	CH895		CH880
实际功率/kW	280~300	290~310	260~280
实际压力/MPa	4.0~4.5	4.5~5.5	3.1~4.2

表 2-4 CH895、PYB2200 排矿考查结果

设备型号	CH895		设备型号	PYB2200	
粒级/mm	产率(%)	负累积(%)	粒度/mm	产率(%)	负累积(%)
≥70	8.33	100.00	≥70	6.97	100.00
50~<70	19.53	91.67	60~<70	4.56	93.03
30~<50	21.40	72.14	50~<60	20.54	88.47
20~<30	12.02	50.74	40~<50	14.06	67.93
15~<20	4.35	38.72	25~<40	21.64	53.87
12~<15	4.85	34.37	12~<25	16.31	32.24
< 12	29.52	29.52	<12	15.92	15.92
合 计	100.00	—	合 计	100.00	—
处理量/(t/h)	766.50		578.44		

1）由表 2-3 得出：在给料组成、排矿口相同的条件下，CH895 的排矿更细，台时处理量更高，单位能耗更低。与 CH880 相比，CH895 的台时处理量高出 318.74t，排矿粒度小于 12mm 的质量分数高出 10.60%，单位能耗低，为 0.15kW·h/t，细碎效果提升明显。

2）由表 2-4 得出：在给料粒度组成相同，排矿粒度（大于 70mm 的不超过 5%）能满足细碎生产要求的情况下，CH895 破碎机的台时处理量要比传统破碎机 PYB2200 大 188.06t，产品中粒度小于 12mm 的质量分数要高 13.60%，中碎处理量显著提高。

3）改造前后系统产能对比：破碎系统设计处理量为 650 万 t/a，产品粒度小于 12mm 的质量分数要≥95%。改造前处理规模为 550 万 t/a 左右，产品粒度小于 12mm 的质量分数要≥90%。改造后，根据试验和相关考查报告得出破碎筛分指标，见表 2-5。

表 2-5　白马选矿厂破碎筛分指标计算表

<table>
<tr><td colspan="2" rowspan="2">台时</td><td colspan="4">粒度小于 12mm 的质量分数(%)</td></tr>
<tr><td>中碎排矿</td><td>细碎排矿</td><td>筛上</td><td>筛下</td></tr>
<tr><td colspan="2"></td><td>29.52</td><td>42.67</td><td>11.66</td><td>90.65</td></tr>
<tr><td rowspan="2">筛分效率(%)</td><td>量效率</td><td></td><td></td><td>82.56</td><td></td></tr>
<tr><td>质效率</td><td></td><td></td><td>76.58</td><td></td></tr>
</table>

表 2-5 指标能反映改造后日常实际生产指标，计算循环负荷为 2.15。中碎按 45mm 排矿口，700t/(台・h) 计算，系统处理能力将达 6929.2 万 t/a。改造后中碎、细碎系统产量、质量得到提高。

3. 节能减排总结

1）CH895 和 CH880 圆锥破碎机具有处理量大、作业率高、操作维修方便的特点，适宜在矿山进行推广应用。

2）CH895 和 CH880 圆锥破碎机在白马选矿厂的成功应用，改善了碎矿产品粒度，提高了碎矿效率和处理量，为降低整个选矿厂的生产成本创造了条件。

（四）美卓 Nordberg HP 型圆锥破碎机

1. 节能减排特点

美卓矿机诺德伯格（Nordberg）生产的 HP（high pertormance）圆锥破碎机是一种高效节能型中细碎多缸液压圆锥破碎机，以破碎机转速、破碎力和破碎腔形的独特结合而闻名。该机具有如下节能减排特点：

1）高速的破碎速度与行程相结合，从而达到生产能力大、破碎比大、产品粒度细、能耗低的目的。

2）通过采用粒间层压原理设计的特殊破碎腔及与之相匹配的转速，取代传统的单颗粒破碎原理，实现对物料的选择性破碎，提高了产品细料比例和立方体含量，极大程度上减少了针片状物料。

3）液压马达驱动定锥，可以对排矿口进行准确调整，通过转动定锥调整方式，保持了排矿口的恒定，可提高整个生产过程的稳定性。同时通过换定锥衬板、动锥衬板，破碎腔形可从标准超粗腔到短头超细腔任意变换，适应大范围产品粒度的要求。

4）双向过铁释放液压缸能够让铁块通过破碎腔，过铁保护装置能确保破碎机在通过铁块后立即复位，保持排料口的稳定。另外，液压马达还能使定锥全部转出调整环螺纹，以更换衬板，从而大大减少了衬板更换的工作量；破碎机所有零件都可以从顶部或侧面拆装和维护，动锥和定锥拆装方便。

5）易损件消耗少，运行成本低，结构合理，破碎原理及技术参数先进，运转可靠，运行成本低；破碎机的所有部件均有耐磨保护，将维修费用降低到最低限度，一般使用寿命可提高30%以上。

6）液压圆锥破碎机提供更高的生产能力、更佳的产品粒形，而且易于自动控制，具有较大的可靠性和灵活性。

2. 应用实例

进入21世纪，新一代美卓HP型高效圆锥破碎机在国内选矿厂投入了使用，其破碎产品中粒度为0~5mm细粒的含量显著高于老式弹簧圆锥破碎机，带动了越来越多的选矿厂采用HP型圆锥破碎机代替老式圆锥破碎机，不改变破碎工艺，以较少的投资实现了“多碎少磨”，显著减小了破碎产品的粒度，并提高了细粒级含量，大幅度提高了球磨机的效率和选矿厂处理量，取得了显著的规模经济效益。到目前为止，全国已经有100多台HP型圆锥破碎机在铁矿、铜矿、铅锌矿、黄金矿山以及电站和民用建材大型石料厂广泛使用。

（1）国内各选矿厂应用简介

1）包钢选矿厂以HP800代替西蒙斯破碎机，研究表明HP800圆锥破碎机合格产品的产量是西蒙斯破碎机的1.85倍，粒度为0~6.5mm的产量是西蒙斯破碎机的2.21倍，而且单位能耗显著降低。因此，HP不仅台时产量高，而且单位效率更高。

2）武钢程潮铁矿采用3台HP500替换692100弹簧圆锥破碎机，破碎能力从200万t/a提高到380万t/a，碎矿粒度小于10mm的质量分数为95%，0~3mm细粒级的质量分数为50%左右，铁精矿产量提高40%以上。

3）排山楼金矿采用HP300替换691650单缸液压圆锥破碎机，碎矿能力达1900t/d，碎矿粒度小于6.6mm的质量分数为80%，选矿厂产量提高30%以上。

4）鞍钢调军台选矿厂中细碎作业采用HP700型圆锥破碎机，使最终粒度由一般生产选矿厂的小于20mm降低到小于12mm（占92%），取得了明

显的节能效果。

5）2001 年 11 月太钢尖山铁矿引进并自行安装了 HP500 圆锥破碎机，代替 692200 型短头圆锥破碎机，改造后使用效果良好，解决了选矿细碎系统原处理量小、润滑油消耗大、操作繁琐的问题。

（2）泗州选矿厂 HP800 圆锥破碎机应用实践　江西铜业集团公司德兴铜矿泗州选矿厂碎一工段包括中碎、细碎和筛分等工序，中碎用 1 台 84in（1in=25.4mm）液压圆锥破碎机，细碎用 2 台 84in 圆锥破碎机。这 3 台圆锥破碎机于 1986 年投入使用，主要向一期 6 台球磨机供矿。后来，这 3 台圆锥破碎机的故障率特别高，很难保证一期磨浮的生产正常运行。根据"德兴铜矿泗州选矿厂圆锥改造方案设计"，2010 年 5 月引进美卓 HP800 圆锥破碎机代替 3 台 84in 液压圆锥破碎机，以提升矿石破碎效果，降低碎矿循环负荷，提高碎矿系统台效和降低碎矿产品粒度，从而实现提高磨机台效、降低选矿生产成本的目的。

2010 年 8 月 26 日泗州选矿厂对碎-破碎系统进行了全流程考查，为了全面分析 HP800 改造后的运行效果，现把改造后流程考查数据与 2009 年 7 月 13 日（改造前）的破碎全流程考查数据进行对比，见表 2-6。

表 2-6　破碎全流程考查数据对比

项目	系统台效/(t/h)	最终筛下产品粒度 <5mm 的质量分数(%)	最终筛下产品粒度 <8mm 的质量分数(%)	循环负荷(%)
2010 年考查数据	804.4	57.01	71.99	198
2009 年考查数据	663.3	46.41	65.4	245

由表 2-6 中可以看出：改造后的新破碎系统在检查筛分的筛网规格保持不变的前提下，处理能力为 804.4t/h，比改造前 2009 年的系统处理能力提高 141.1t/h，改造后粉料明显增多，最终筛下产品中粒度小于 5mm 的质量分数提高了 10.6%，实现"多碎少磨"，另外，改造后的破碎系统循环负荷降低了 47%。

HP800 改造后的碎-破碎系统台效、运转率、电耗与改造前对比结果见表 2-7。

由表 2-7 可看出：HP800 改造后碎-破碎系统台效不但月平均小时处理能力比改造前提高 139.48t，而且实现了节能生产，设备运转率比改造前降低了 11.89%，吨矿石电耗比改造前降低了 0.45kW・h。

表 2-7　改造前后系统台效、运转率、电耗对比

项目	改造前月平均			改造后月平均		
	系统台效/(t/h)	运转率(%)	电耗/[kW·h/t]	系统台效/(t/h)	运转率(%)	电耗/[kW·h/t]
2009 年 6 月	693.43	64.73	2.82			
2009 年 7 月	685.12	57.33	2.99			
2009 年 8 月	689.52	64.51	3.07			
2010 年 1 月	678.38	69.71	3.19			
2010 年 2 月	716.86	61.15	3.30			
2010 年 3 月	750.70	64.14	3.01			
2010 年 6 月				771.61	57.69	2.68
2010 年 7 月				871.77	47.93	2.63
2010 年 8 月				882.07	49.50	2.52
平 均	702.34	63.60	3.06	841.82	51.71	2.61

1）通过生产应用证明：HP800 圆锥破碎机取代 84in 液压圆锥破碎机可以提高碎矿处理能力 139.48t/h，降低碎矿设备运转率 11.89%，从而提高了碎矿设备的使用效率。

2）HP800 圆锥破碎机取代 84in 液压圆锥破碎机完全可以实现“多碎少磨”的目的，改造后碎-破碎系统的电耗明显降低，吨矿石电耗比改造前降低 0.45kW·h，降低电耗 14.71%。

3）在泗州选矿厂碎-破碎系统的成功应用，改善了碎矿产品粒度，最终筛下产品中粒度小于 5mm 的质量分数提高了 10.6%，有利于下段球磨作业处理能力的提高，为提高选矿厂处理能力、降低整个选矿厂的生产成本创造了条件。

3. 节能减排总结

HP 型圆锥破碎机由于具有大破碎力、大偏心距、高破碎频率与挤满给矿颗粒间层压粉碎的作用，矿石颗粒在破碎腔内不仅被挤压破碎，而且矿石颗粒受到很强的研磨作用，所以将产生更多的粉料，在减小球磨机给料最大粒度的同时，大大改变了球磨机给料粒度的组成，0~5mm 易磨粒级含量显

著增加，大幅度提高了磨矿效率。因此，HP型圆锥破碎机是黑色金属及有色金属选矿厂实现“多碎少磨”的理想设备。

（五）GYP惯性圆锥破碎机

北京凯特破碎机有限公司的惯性圆锥破碎机是俄罗斯米哈诺布尔科技股份有限公司研制成功的专利产品，可破碎任何硬度的脆性物料。

1. 节能减排特点

惯性圆锥破碎机是具有独特原理和结构的新型超细碎设备，依靠偏心转子高速旋转产生的惯性力使动锥偏转来破碎物料，且偏心转子与动锥之间无刚性连接。与偏心圆锥破碎机相比，其节能减排特点如下：

1）料层选择性破碎。由于两锥体间物料层受到强烈的脉动冲击作用，造成颗粒间强制自粉碎，从而使设备磨损率低，单位破碎比功耗仅为普通设备的50%。

2）破碎比大，产品粒度可调。该机的破碎力与物料硬度及充填率无关，调节偏心静力矩及转速等，破碎比在4~30范围内可调；根据需要即可有效防止过粉碎，提高某粒级的产率，或增加细粉的产量。

3）技术指标稳定。该机在满负荷下工作，衬板磨损几乎不影响产品粒度。

4）操作安装方便。该机充满给料，不需要专门的给料机，可满负荷启动和停车，操作、监测和控制十分方便。

5）应用范围广。惯性圆锥破碎机可破碎任何硬度下的脆性物料，包括各种金属矿与非金属矿；可大幅度减小入磨粒度，最有效地实现“多碎少磨”。

2. 应用实例

（1）商洛某钨矿GYP-600惯性圆锥破碎机应用实例　商洛某钨矿为石英脉状钨矿石，品位为1%，伴生有1%的锌和1%的铅，采用重选回收钨精矿，破碎工段要求产品粒度越细越好，破碎工艺流程为两段开路破碎。原矿粒度小于200mm，经10mm振动筛后，筛上矿石返回GYP-600惯性圆锥破碎机，最后破碎产物进粉矿仓保存。在激振力为88%时，GYP-600惯性圆锥破碎机破碎钨矿石取样筛分结果见表2-8，产量为12t/h。

GYP-600惯性圆锥破碎机开路破碎钨矿石，破碎产品粒度不大于7mm，极大地减轻了磨矿工段棒磨机的负担。

表 2-8　GYP-600 惯性圆锥破碎机破碎钨矿石取样筛分结果

粒度/mm	≥6.84	5~<6.84	3~<5	1~<3	0.15~<1	0.074~<0.15	<0.074
产率(%)	3.1	28.6	18.8	19.2	21.1	5.9	3.3

（2）云南东川某铜矿 GYP-1200 惯性圆锥破碎机的应用实例　云南东川某铜矿选矿厂生产流程采用两段破碎。粒度小于 350mm 的原矿送入 PD600×900 外动颚式破碎机，破碎产品经过振动筛，粒度不小于 12mm 的物料进入 GYP-1200 惯性圆锥破碎机，粒度小于 12mm 的物料进入粉矿仓。因为 GYP-1200 惯性圆锥破碎机产品粒度集中，加权平均粒度小，实行开路破碎，产品直接进入粉矿仓。GYP-1200 惯性圆锥破碎机破碎铜矿石产量和产品粒度筛分结果见表 2-9。

表 2-9　GYP-1200 惯性圆锥破碎机破碎铜矿石产量和产品粒度筛分结果

排矿间隙/mm	粒度/mm								产量/(t/h)
	≥10	8~<10	6~<8	4~<6	2~<4	1~<2	<1	加权平均	
	产率(%)								
45	14.3	10.4	10.5	13.3	12.7	9.6	29.2	4.2	70.2
55	12.8	12.5	13.1	13.8	14.2	9.3	24.3	4.5	82.5

GYP-1200 惯性圆锥破碎机的破碎产品中，粒度小于 10mm 的质量分数在 85%以上，加权平均粒度在 4.5 mm 以下，极大地降低了矿石入磨粒度，减少了磨矿时间，经济效益显著。

3. 节能减排总结

与传统破碎设备相比，惯性圆锥破碎机具有破碎比大、产品粒度细而均匀、单位电耗低、能破碎任何硬度的脆性物料等优点，能实现物料的选择性破碎，满足“多碎少磨”新工艺的要求，是一种理想的节能超细破碎设备。

（六）高压辊磨机

高压辊磨机又称为辊压破碎机，以料层粉碎原理工作，是一种新型的高效节能破磨设备，具有破碎比大、产品粒度细、效率高、耗能少等优点，还可应用取代一段粗磨作业。

1. 节能减排特点

1）高压辊磨机比普通破碎机设备处理能力大。高压辊磨机作业处于碎矿和磨选工段之间，生产能力和产品质量受碎矿系统生产情况的限制，往往不能达到最佳状态。根据厂家样本信息，最大型号单台设备处理能力高达4000t/h（KHD·洪堡，型号 RPS25），目前世界范围内应用高压辊磨机最大单机处理实际能力为 2500~2900t/h。与传统大型圆锥破碎机比，它可大大提升单系统处理能力。高压辊磨机工作时辊面线速度接近下限速度 1.1m/s，上限速度能够达到 2m/s 左右。高压辊磨机作业率可达 90%以上，远高于常规破碎机 67.8%的作业率，这就为高压辊与磨矿采用一致的作业制度创造了条件。

2）高压辊磨机破碎矿石的能耗低。高压辊磨机实施的是准静压粉碎，这种准静压粉碎方式相对于冲击粉碎方式节省能耗约 30%。

高压辊磨机对物料实施的是料层粉碎，是物料与物料之间的相互粉碎。这种粉碎效率相对于传统的破碎和球磨技术有明显的提高，磨损也明显地减少。高压辊磨机相比圆锥破碎机、棒磨机和球磨机，能耗降低 30%~50%。根据目前应用的情况，其单位处理能力功耗通常为 0.8~3.0kWh/t。使用高压辊磨机的最大破碎比可以达到 10 以上，破碎比是常规破碎机的 2.0~2.5 倍，处理能力是常规破碎机的 1.5~2.3 倍。

3）使用高压辊磨机可降低下一阶段磨矿作业磨矿功指数。高压辊磨机生产数据表明，高压辊磨后的产品中合格粒级（粒度小于 0.074mm）含量大大增加，且因辊压后产生裂隙将降低入磨物料的可磨度，从而可大大提升磨矿能力，降低单位处理能力磨矿功耗。

2. 应用实例

高压辊磨机在生产应用之初，主要用于硬度较小的脆性金属矿石的破碎。随着设备的不断改进，高压辊磨机已经推广应用于中等硬度及以上的矿石破碎过程。据不完全统计，全球范围内投入工业应用的高压辊磨机在金刚石生产领域已有 35 台，在铁矿石破碎方面，已有 50 台应用于生产。近年来高压辊磨机在国外大型金属矿山的使用情况见表 2-10。

表 2-10 高压辊磨机在国外金属矿山的使用情况

(辊径/mm)×(辊长/mm)	项目名称	矿石类别	设备数/台	电动机功率/kW	给矿粒度/mm	排矿粒度/mm	处理能力/(t/h)
2400×1650	西澳伯丁顿金矿扩建项目	铜金矿	4	8×2800	50	10~12	2500

（续）

(辊径/mm)×(辊长/mm)	项目名称	矿石类别	设备数/台	电动机功率/kW	给矿粒度/mm	排矿粒度/mm	处理能力/(t/h)
2400×1650	西澳皮尔巴拉钼矿山公司 Spinifex Ridge 项目	铂铜矿	3	6×2650			2000①
2400×1650	秘鲁塞罗贝尔德铜矿	铂铜金矿	4	8×2500	50	6	2600～2900
2000×1500	自由港印尼公司格拉斯伯格铜金矿	铜金矿	2	4×1800			
2200×1600	盎格鲁铂金公司南非 platreef 铂矿	铂矿	1	2×1800	65	8	2100～2400
2400×1650	墨西哥 penasquito 矿	金银铅锌矿		2×2500	12	6	

① 单位为万 t/a。

当前我国高压辊磨机在金属矿石领域应用趋于成熟，如黑色金属矿石的司家营铁矿二期、和尚桥铁矿、太和铁矿、程潮铁矿、凹山铁矿等。在有色金属矿石和贵金属矿石方面，用于硬质矿石破碎也已超过 35 台，如金堆城钼矿、三山岛金矿等。

（1）CMH 公司 LosColorados 铁矿选矿厂　铁矿石细碎作业采用 KHDHumboldtWedag 公司的 RPBR16-170/180 型高压辊磨机，规格尺寸为 ϕ1.7m×1.8m，驱动功率为 2×1850kW。露天矿采出最大矿石块度为 1.2m，旋回式粗碎机破碎后进入双层筛，上层筛孔尺寸为 75mm，下层筛孔尺寸为 45mm。筛上物料（粒度≥75mm）经圆锥破碎机中碎后，与筛下物料（粒度<75mm）合并后作为高压辊磨机给矿，其中粒度小于 38mm 的质量分数为 80%，并与打散机和筛分机构构成闭路循环作业系统。

高压辊磨机排矿经 2 台打散机分配给 5 台上、下层筛孔尺寸分别为 19mm 和 7mm 的双层振动筛，筛上物料（粒度≥7mm）返回高压辊磨机给矿，筛下物料（粒度<7mm）作为干式磁选抛尾给矿，其中粒度小于 6.35mm 的质量分数约为 80%。处理能力为 1600t/h，最大处理能力为 2000t/h，循环负荷为 30%，柱钉辊面工作寿命达到 14600h。与细碎圆锥破碎机相比，处理能力提高 27.2%～44%，单位电耗降低 21%，生产成本降低 8%。

（2）Empire 铁矿选矿厂　在自磨流程中顽石的破碎采用 KHDHumboldt-

Wedag 公司的产品，规格尺寸为 ϕ1.4m×1.8m，驱动功率为 2×670kW。用于和 1 台圆锥破碎机一起来破碎 3 台自磨机排料中的顽石，其中粒度为 12~75mm 的物料通过圆锥破碎机开路破碎后送入高压辊磨机，产品粒度小于 63.5mm，其中粒度小于 25mm 的质量分数为 50%，处理能力为 400t/h，单位电耗<1.7kW·h/t，柱钉辊面寿命为 10800h，设备作业率为 95%，使自磨机处理能力提高 33%。

（3）BoddingtonGoldMine 金矿选矿厂　该矿于 2009 年 7 月采用高压辊磨机作为选矿厂细碎作业设备，年处理能力为 3500 万 t。原矿经 2 台旋回破碎机粗碎至粒度小于 150mm 的质量分数为 80%，经 5 台圆锥破碎机中碎，筛下产物作为高压辊磨机给矿，筛上物料返回中碎机（筛孔尺寸为 50mm）。细碎用 4 台尺寸为 ϕ2.4m×1.65m、驱动功率为 2×2.8MW 的高压辊磨机，其排料经筛孔尺寸为 11mm 的湿式筛分机，筛上产物返回高压辊磨机，筛下产物进入由水力旋流器和球磨机组成的回路系统，最终获得粒度小于 150μm 的质量分数为 80%的粗磨物料，为细磨创造了有利条件，起到节能降耗的作用。

（4）马钢集团南山矿业公司凹山选矿厂　我国用于超细碎作业的高压辊磨机是引进德国 Koeppern 公司的 RP630/17-1400 型产品，规格尺寸为 ϕ1.7m×1.4m，驱动功率为 2×1450kW。细碎后粒度小于 30mm 的物料作为高压辊磨机的给料，闭路粉碎至 3mm 以下。生产实践表明，高压辊磨机粉碎效率高，产品中粒度小于 3mm 的质量分数为 68.01%，其中粒度小于 0.07mm 的质量分数为 18.48%，而且产品节理面形成了微裂纹，为后续磨矿作业创造了条件；处理能力大，新给矿量为 771.78t/h，加上循环负荷，使总通过量达到 1213t/h；能耗低，单位通过量能耗和新给矿能耗分别为 1.07kW·h/t 和 1.68kW·h/t；经粉末冶金处理的辊面使用寿命长，自 2007 年投产以来，辊面仅进行过两次堆焊，已累计运行 18000h。

3. 节能减排总结

矿石经高压辊磨机闭路挤压破碎后，可获得 3~10mm 粒级的产品。磁铁矿经预磁选别后可大幅度提高精矿品位，具有节水、节电、增产等特点。

目前，高压辊磨机正向着大型化方向发展，辊的直径和辊面在进一步增大，入磨粒度范围更大，处理量也随之增大。生产实践表明，高压辊磨机的单机生产能力可达 1500~2000t/h；粉碎金属矿石的能耗为 1.2~2.8kW·h/t，在同等条件下，单位能耗比常规破碎机低 20%~50%；辊面耐磨性好，镶嵌

硬质合金粒钉辊面的使用寿命可达 8500h；自动化水平高。随着高压辊磨机性能的日益完善，它在金属矿山有广阔的应用前景。

三、筛分工序的节能减排设备

（一）LF 系列直线振动筛

山特维克破碎筛分设备是山特维克矿山和工程机械业务的一部分。作为业界的领军企业，山特维克向市场提供破碎筛分设备已有 120 多年的历史。在众多类型的筛分设备中，LF 系列直线振动筛在矿山系统中使用广泛，得到了用户的广泛好评。

1. 节能减排特点

1）LF 系列直线振动筛设计紧凑。LF 系列直线振动筛精巧的设计可以使其在椭圆形和直线形两种行程下自由转换，加之宽广的行程范围，其激振器更是产生惊人的 6.5*g*（*g* 为重力加速度）激振力，在如此强悍的激振力下实现 LF 系列直线振动筛小倾角的安装模式（0°~10°），从而有效地降低了土建的高度。

LF 系列直线振动筛可有效减少所需的安装空间，由于激振器安装在振动筛的上部，所以 LF 系列直线振动筛安装间距可以比较小，在设计时无须预留一根主轴长度的检修距离。如果需要，LF 系列直线振动筛可以很容易地拆卸，并在其他位置重新安装。较低的安装高度使得 LF 系列直线振动筛无论是在已有地基的改造项目，还是新建项目中，都具有安装简便、成本低的优势。

2）直线与椭圆行程。LF 系列直线振动筛的激振器由两根相同的主轴组成，使得振动筛行程的形式、角度、长度均可根据现场的情况进行调节，可实现直线与椭圆行程。椭圆行程运动轨迹为向前倾斜的椭圆面，可有效防止堵塞筛孔，使得在 5°的安装角度下，筛孔尺寸可以达到 140mm，行程的角度调节可以通过调节激振器的位置来实现。

3）模块化设计。LF 系列直线振动筛采用模块化设计，完全采用螺栓连接结构，可方便地调整激振器的位置；用合理的成本制造大小合适的振动筛来适应已有的地基；满足特别需求，可以选择驱动类型和激振器的型号，使配置具有多种选择。

4）可调性好，适应性强。通过调节振动筛的以下参数：筛分速率、激

振力、行程形式、行程角度、振动筛安装角度，可以使LF系列直线振动筛适应处理各种不同的物料，应用于各种作业。LF系列直线振动筛可选配置丰富，可适应不同的工矿条件。其中包括以下可选件：防尘密封系统（橡胶密封罩和全钢密封罩）、筛框防护橡胶衬板、喷淋降尘或洗矿系统、电动机制动装置、变频调速控制单元、支撑框和完整的振动筛底座。

5）易于维护，运行成本低。LF系列直线振动筛的维护简单方便，运营成本低。由于激振器安装在振动筛上部，安装检验方便，容易拆卸，起吊维修方便。给料点采用30mm厚的橡胶衬板进行保护，可以吸收给料的冲击，使物料沿宽度方向均匀分散并延长使用寿命。对所有可能的磨损部位进行保护设计，磨损部件更换方便。精巧的油浸式润滑使主轴使用周期更长。

2. 应用实例

LF系列直线振动筛在国内几大矿山运行良好，近年来推广应用情况良好。

辽宁鞍钢弓长岭矿业公司三车间300万t铁矿改造项目中，于2004年开始使用4台LF2460D双层直线振动筛用于闭路筛分作业；山西太钢集团矿业公司尖山铁矿900万t改造项目及峨口铁矿600万t改造项目中，分别于2006年和2008年使用7台LF2448D双层直线振动筛及8台LF1842D双层直线振动筛用于闭路筛分作业。

通过多年使用，在2008年LF系列直线振动筛开始广泛地被各大矿山企业接受。河北滦平县伟源矿业有限责任公司采购4台LF2145D双层直线振动筛，包钢集团内蒙古900万t铁矿采购8台LF2460D双层直线振动筛，广东河源坚基矿业公司180万t铁矿采购3台LF2460T三层直线振动筛，四川重钢集团矿业公司太和铁矿630万t铁矿采购8台LF2460D双层直线振动筛，其中的2台用于洗矿作业。

（1）太钢集团尖山铁矿应用情况　太钢集团尖山铁矿设计年处理能力为900万t，破碎筛分工艺为三段一闭路。筛分车间安装7台山特维克LF2448D双层直线振动筛作为闭路筛，其中正常使用6台，1台备用，2007年初正式投产。设备自运转以来，工作稳定、筛分效率高，故障率低，完全满足工艺要求。

其主要工作数据：振动筛尺寸为双层2400mm×4800mm；安装角度为10°；单台设备通过能力达到650t/h；上层筛板寿命为20天，下层筛板寿命为3~4个月（国产筛板），上层筛板筛孔尺寸为30mm×30mm，下层筛板筛

孔尺寸为 14mm×28mm；筛分效率达到 90%以上（数据来源于现场流程考查），侧面衬板的寿命为半年左右（国产衬板）；设备运行平稳，减振效果好，工作平台感觉不到振动。

（2）鞍钢集团弓长岭铁矿应用情况　鞍钢集团弓长岭铁矿三选车间于 2004 年建成投产，设计年处理能力为 300 万 t，破碎筛分工艺为三段一闭路流程。筛分车间安装 4 台山特维克 LF2460D 双层直线振动筛作为闭路筛，其中正常使用 3 台，1 台备用。

其主要工作数据：振动筛尺寸为双层 2400mm×6000mm；安装角度为 10°；单台设备通过能力达到 650～750t/h；上层筛板筛孔尺寸为 30mm×30mm，下层筛板筛孔尺寸为 14mm×28mm，筛分效率达到 92%左右（数据来源于现场流程考查）；弹簧减振效果好：设备运行平稳，工作平台感觉不到振动。

3. 节能减排总结

LF 系列直线振动筛设计紧凑，易于维护，工作稳定高效，筛分效率高，与同类筛分设备相比优势明显。在矿山现场的应用中，LF 系列直线振动筛有效地提高了筛分作业的工作效率，降低了破碎筛分系统的循环负荷，提高了破碎系统的整体能力。另外，在改造项目中，可根据现场的空间情况对筛分设备的尺寸进行定制，增加了山特维克筛分设备应用的灵活性。

（二）ZKK 系列大型宽筛面直线振动筛

1. 节能减排特点

鞍山重型矿山机器股份有限公司生产的 ZKK 大型宽筛面直线振动筛的生产能力大，筛分效率高。与累积使用多台普通型筛机按同样的生产能力相比，它具有节省占地面积、使用可靠、维护方便的特点。该系列振动筛采用块偏心箱式结构、自同步驱动的单电动机，结构紧凑。

2. 应用实例

下面介绍抚顺罕王傲牛铁矿直线振动筛的应用情况。

（1）现场工艺和使用问题　抚顺罕王傲牛铁矿的工艺流程为：粗碎→中碎→高压辊磨→直线振动筛→筛上干选→筛下湿式磁选的阶段磨矿、阶段选别。粗碎采用旋回破碎机，粗碎产品经过永磁大块矿石磁选机预选，预选矿石最大粒度为 350mm。合格矿石给入破碎机进行中碎；中碎采用 2 台圆锥破碎机，破碎产品经永磁大块矿石磁选机分选矿石中的混岩；干选后的矿石给入振动筛分级，筛上物返回中碎，筛下物给入粉矿仓，作为高压辊磨机的给料。高压辊磨机与直线振动筛 ZKK3061 形成闭合回路，高压辊磨机的排矿产物通过筛孔尺寸为 3mm 的直线振动筛筛分，筛上产物经磁滑轮干选丢弃一部分粗粒尾矿后返回高压辊磨机，筛下产物进入湿式磁选，磁选精矿送入主厂房进一步磨选。

工艺过程中使用的直线振动筛 ZKK3061 为湿式筛分，在入料端设置喷淋装置，振动筛筛孔尺寸为 3 mm，振幅为 7mm，处理量为 400t/h，上层物料在排料端时水分含量（质量分数）<8%。在使用过程中，主要问题是料层厚，料速慢，筛板磨损快。针对这三个问题，进行了重新设计计算和设备改造。

（2）存在问题的解决方案

1）料层厚问题的解决方案。现场使用的 ZKK3061 振动筛筛分物料性质为大于 3mm 的物料平均占 40.5%，小于 1.5mm 的物料平均占 59.5%，物料的松散密度为 2.3t/m^3，筛分效率为 70%。直线振动筛改造后，设置成双层筛面，这样料层厚度将会由两层筛面来分担，在筛宽不变的情况下，料层厚度就会减小。

2）物料速度问题的解决方案。物料速度是由振动筛主轴的角速度、振幅、筛面倾角、料层厚度、物料形状和抛射强度决定的。已知振动筛的角速度为 94.2rad/s，振幅为 7mm，筛面倾角为 0°，料层厚度为 100mm，属于厚层物料。抛射强度为 2.24，影响系数取值 1.05，计算出物料速度和料层厚度。

在角速度一定的情况下，当振幅小时，物料速度慢，料层厚度大；当振幅大时，物料速度快，料层厚度小。因此，直线振动筛改造，可按照角速度为 94.2rad/s，振幅为 9mm 设计。

3）筛板问题的解决方案。筛板曾用过不锈钢条缝筛板、橡胶筛板和聚氨酯筛板，实践表明，这几种筛板的耐磨性都不十分理想，所以就未从选材方面考虑。确定将现场的单层振动筛 3061 改成双层振动筛 2ZKK3061。上层筛板采用 10mm×40mm 筛孔，下层采用 3mm 条缝筛孔，材质全部为聚氨酯。通过设置上层筛板，减少了大于 10mm 物料对 3mm 筛孔筛板的冲击，使筛板的使用寿命延长至 3 个月。

3. 节能减排总结

经过改造，双层直线振动筛 2ZKK3061 使用效果理想，解决了料层厚、

料速慢和筛板磨损快三个方面的问题，保证了设备的正常使用，降低了由于筛板磨损而更换筛板的成本。

（三）德瑞克重叠式高频振动细筛

自 1951 年设计出高频振动细筛以来，德瑞克公司致力于筛分理论、设备的研发，新产品、新设备层出不穷。1977 年第一台多路给料高频振动细筛问世。1989 年发明了可张紧的耐磨防堵聚酯筛网。1989 年高开孔率聚酯筛网的出现，解决了筛分处理能力和筛分精度间的矛盾，适应了当前细粒物料分选作业的要求。

1. 节能减排特点

1）多路重叠式布置。料浆经分配器同时向 5 路重叠式并联布置的筛分单元供应料浆，5 路的筛上产物合并进入筛上产品受料斗，5 路的筛下产物合并进入筛下产品溜槽。

2）强力双振动器配置。可产生直线和 7.3g [一般振动器产生（4~5)g]重力加速度的强力振动，使该细筛特别适合细粒或微细粒物料的筛分。

3）浮动式振动筛框和全封闭式振动器结构。经浮动橡胶弹簧传递给固定筛框的动负荷仅 3%~5%，即振动力的 95%~97%全部转化为筛分所需的振动力。安装筛机时不需考虑基础承受的动负荷，距离筛机 1m 处振动噪声在 85dB 以下。

4）耐磨聚酯筛网和防堵夹层不锈钢筛网的专利设计。该设计既防止筛网堵孔，又延长筛网寿命，且实现高浓度筛分。

目前，德瑞克重叠式高频振动细筛有两种规格：宽度分别为 1.2m 和 1.5m，分别配置 2×1.9kW 和 2×3.8kW 的动力。该细筛还可配置重复造浆槽，适用于最大限度地从给料中筛除细粒级物料。

2. 应用实例

重叠式高频振动细筛向矿物加工行业提供了占地面积小、筛分效率高和处理能力大的湿式细粒物料分级设备，在黑色金属和有色金属矿山中得到了广泛应用。

下面介绍山东莱钢鲁南矿业公司选矿厂的应用情况。

（1）磨矿分级原有流程和存在的主要问题　鲁南矿业公司选矿厂的工艺流程为：阶磨阶选、细筛返回再磨、高频振动细筛与三段磨矿形成闭路、磁选精矿再浮的多段选别。选矿厂原有 7 台球磨机，分配为 3：2：2。一段磨矿采用 ϕ2700mm×2100mm 格子型球磨机，二段采用 ϕ2700mm×2100mm 溢流型球磨机，三段采用 1 台 ϕ2700mm×2100mm 溢流型球磨机和 1 台 ϕ2100mm×4500mm 溢流型球磨机。三段 2 台球磨机总功率为 560kW，配套衬胶泵功率为 55kW。三段磨选电耗为 16.8kW·h/t。

三段筛分采用 4 台 GPS 型高频振动细筛和 2 台尼龙平面细筛，装机总功率为 12kW。高频振动细筛的不锈钢筛网易堵孔、漏矿和破损，补加水量大，且使用寿命不到 1 个月，最短寿命不足 10 天。尼龙平面细筛堵孔严重，需要大量的补加水，筛网易变形，筛分精度低。三段筛分给矿粒度小于 74μm 的质量分数为 85%，给矿的质量分数为 40%。筛上产率高达 70%，筛下产率仅 30%，筛分量效率仅 30%左右，因而三段球磨时有“胀肚”现象发生。

存在的主要问题包括筛分效率低，致使三段磨矿能力显得不足，限制了铁精矿产量提高；筛网堵孔、漏矿现象较严重，筛网寿命短，更换频繁，严重影响入浮产品粒度和生产的正常进行；由于单台设备的筛分能力很低，导致设备台数较多，检测与维护工作量大，运行成本较高；部分矿石过磨产生泥化，增加磨矿电耗，并影响浮选效果、综合回收率和铁精矿品位。

（2）扩建改造方案的制定和实施　一段由 3 台球磨机增加到 4 台球磨机，增加一段磨矿的处理能力；三段改由德瑞克高频振动细筛控制分级以提高筛分效率和确保入浮产品粒度。改造后设计厂房内磨机配比为 4：2：1，预计扩建后铁精矿产量从 26 万 t/a 提高到 30 万 t/a。为确保德瑞克 DERRICK 高频振动细筛对鲁南矿业公司矿石性质的适用性，委托 DERRICK 公司对二段磨矿筛下产品进行了筛分试验，考查高频振动细筛的筛分效率以及不同筛孔尺寸和不同给矿浓度下的筛分效果，筛分试验结果完全满足扩建改造的要求。

项目完成后，一段增加 1 台 ϕ2700mm×2100mm 溢流型球磨机，二段不变，三段磨矿仅用 1 台 ϕ2100mm×500mm 溢流型球磨机，三段控制分级用 1 台德瑞克 2SG48-60W-5STK 重叠式高频振动细筛代替原有的 4 台 GPS 高频振动细筛和 2 台平面筛。德瑞克高频振动细筛装机总功率为 3.75kW，5 路料浆分配器分配均匀，溢流式给料箱实现了筛面的均衡布料，操作维护简便。

改造后三段仅需 1 台球磨机和配套衬胶泵，功率分别为 280kW 和

55kW。由于筛分效率提高，循环负荷降低，停运了1台磨机和配套衬胶泵，三段磨选电耗仅为9.15kW·h/t。该矿改造前后的主要技术指标对比参见表2-11。

表2-11 鲁南矿业改造前后的主要技术指标对比 (%)

年份	入选品位	精矿品位	尾矿品位	精选回收率	精粉细度（粒度小于74μm）	浮给品位
2003	28.3	67.06	13.73	68.66	>93	58~60
2004	29.8	67.25	13.41	74.07	>90	58~60

3. 节能减排特点总结

1）德瑞克Derrick重叠式高频振动细筛的高效分级是此次技改扩产成功的可靠保证，第三段磨机能力提高50%以上。铁精矿产量从26万t/a提高到29万t/a。

2）该台德瑞克Derrick五路重叠式高频振动细筛，在给料量高达120t/h时，最低分级效率仍保持在70%以上。耐磨聚酯筛网不堵孔、不糊孔，寿命高达12个月以上，使用方便，维护简单，筛网单位面积筛分能力高达15t/(m^2·h)。

3）实现扩产目标，并在三段停运了1台球磨机和循环胶泵，减少装机功率340kW。三段磨选电耗由从前的16.8kW·h/t降为现在的9.15kW·h/t，节能效果非常显著，并减少了4个作业人员。

4）改善了矿石粒度结构，铁精矿中粒度小于74μm的质量分数从原有的93%下降到90%，矿石泥化得到遏制，创造了更好的入浮选别条件。金属回收率从原有68.65%提高到74.07%。

5）扩产铁精矿3万~4万t/a，投入产出回报高。

由于该细筛的准确、高效分级，黑色金属和有色金属矿山选矿厂提高了金属回收率，降低了磨矿电耗，扩大了磨机的处理能力，取得了显著的经济效益。

（四）MVS型电磁振动高频振动网筛

1. 节能减排特点

MVS型电磁振动高频振动网筛的主要特点如下：

1）筛面振动，筛箱不动。激振器固定于筛箱上，在筛箱上激振器弹性

系统的弹性力与激振力互相平衡，所以筛箱不动。激振力驱动激振筛面的振动系统，振动系统设计在近共振状态工作，可以较小的动力达到所需的工作参数。

2）筛面高频振动，频率为50Hz，振幅为1~2mm，有很高的振动强度，可达8~10倍重力加速度，是一般振动筛振动强度的2~3倍，所以不堵孔，筛分效率高，处理能力大，非常适用于细粒粉体物料的分级脱水。

3）筛面采用3层不锈钢丝编织网，下层为粗丝大孔的托网，与激振装置直接接触，在托网上面张紧铺设出两层不锈钢丝编织网粘接在一起的复合网。复合网具有很高的开孔率，有一定的刚度，便于张紧平整安装，并提高筛网的工作寿命。

4）筛机安装角度可随时方便地调节，以适应不同物料的性质及不同目的的筛分作业。对于干法筛分，安装倾角一般为35°±5°，对于湿法筛分，安装倾角一般为25°±5°。

5）筛机振动参数采用计算机集控，对每个振动系统的振动参数可进行软件编程。除一般工况振动参数外，还有间断瞬时强振以随时清理筛网，保持筛孔不堵。

6）功耗小，每个电磁振动器的功率仅为150W，一般一台筛机的装机功率不超过900W。该种筛机为节能产品。

7）由于筛箱不动，易于安装防尘罩以及密封筛上与筛下出料溜槽、漏斗，实现封闭式作业，减少环境污染。该种筛机为环保产品。

2. 应用实例

下面介绍MVS型电磁振动高频振动网筛在首钢矿业公司的应用情况。

在水厂新选矿厂6系列应用电磁振动网筛试验成功的基础上，针对老选矿厂的情况，对老选矿厂9、10系列流程进行了包括流程结构和用电磁振动网筛代替尼龙细筛的改造，而后组织了全流程考查。改造后的工艺流程如图2-2所示，其工艺流程考查主要作业指标见表2-12。

从表2-12可知，虽然5次考查各项指标有所波动，但与以往未改造的原工艺流程考查相比，变化是明显的。

1）系列台时处理能力提高。根据资料统计，9、10系列平均一段磨机处理原矿76.44t/h，而1~8系列平均为70.11t/h，提高了6.33t/h，提高幅度为9.03%。

2）二段磨机循环负荷得到了有效的控制，平均循环负荷量为

234.28%，而原工艺流程通常都在300%以上，其主要原因就是电磁振动网筛筛分效率提高后，有效地控制了筛上物的循环量。

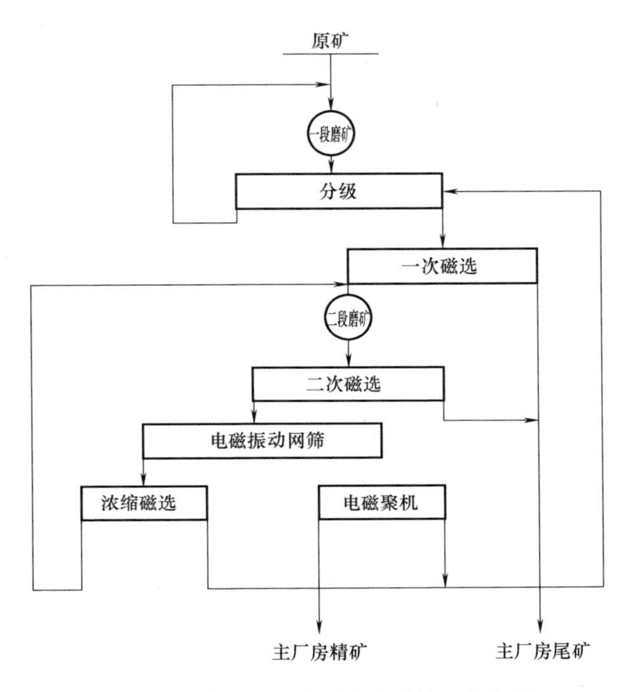

图 2-2　水厂老选矿厂改造后的工艺流程

表 2-12　水厂老选矿厂 9、10 系列工艺流程考查主要作业指标

批次	一段磨机处理量/(t/h)	二段磨矿循环负荷(%)	精矿产率(%)	作业精矿品位提高幅度(%)				尾矿品位(%)	精矿品位(%)	最终精矿品位(%)
				一次磁选	二次磁选	振动网筛	电磁聚机			
1	164	163.25	34.63	15.63	4.61	9.22	3.63	8.27	64.23	67.23
2	152	286.54	31.18	16.89	3.91	9.91	6.43	7.68	68.14	68.23
3	160	205.36	31.05	19.90	2.79	9.29	4.60	8.13	66.04	67.86
4	150	286.93	32.48	16.57	2.02	9.15	5.17	7.71	64.79	68.77
5	154	229.31	29.31	19.83	2.59	9.70	6.77	8.52	65.90	68.42
平均	156	234.28	31.73	17.76	3.18	9.45	5.32	8.06	65.82	68.11

注：一段磨机处理量为9、10系列台时处理量之和。

3）电磁振动网筛工作稳定，在其他作业指标有所波动情况下，电磁振动网筛的品位提高幅度稳定在 9%~10%，说明电磁振动网筛的工作是稳定可靠的。

4）9、10 系列电磁振动网筛与其他系列尼龙细筛作业指标对比见表 2-13。

表 2-13 水厂老选矿厂 9、10 系列电磁振动网筛与其他系列尼龙细筛作业指标对比

筛型	给矿中粒度小于 74μm 的质量分数（%）	筛上粒度小于 74μm 的质量分数（%）	筛下粒度小于 74μm 的质量分数（%）	分级质效率（%）
振动网筛	26.96	20.64	76.54	28.47
尼龙筛	41.36	37.16	77.70	15.52
差值	−14.40	−16.52	−1.16	+12.95

与新选矿厂 6 系列流程考查相同，应用电磁振动网筛代替尼龙细筛后，筛给粒度明显偏粗。5 次平均，给矿中粒度小于 74μm 的质量分数仅为 26.96%，而其他系列则为 41.36%，差值为 14.40%；而尼龙细筛的筛上物中粒度小于 74μm 的质量分数却比电磁振动网筛筛上物粒度高出 16.52%。这说明尼龙细筛流程中确实存在一个细粒物料在流程中大量积聚的过程。应用电磁振动网筛后，原来因为尼龙细筛的分级效率低下，造成大量积聚在二段磨矿循环物料流中的细粒级物料返回二段磨机的不合理现象得到了比较彻底的解决。在循环负荷量有较大幅度下降的同时也减少了过磨现象，形成了筛上物料流的良性循环，因此呈现出了给矿粒度变粗的新动向。

应用电磁振动网筛后，在筛给粒度大幅度变粗的情况下（粒度小于 74μm 的质量分数减少了 14.40%），能获得与尼龙细筛粒度相近的筛下产物，也证明电磁振动网筛在控制产品粒度方面具有很好的优势。

5）9、10 系列电磁振动网筛与其他系列尼龙细筛筛下产物粒度组成对比见表 2-14。

表 2-14 水厂老选矿厂 9、10 系列电磁振动网筛与其他系列尼龙细筛筛下产物粒度组成对比 （%）

粒度/μm	≥250	178~>250	150~>178	95~>150	74~>95	44~>74	<44
振动网筛			1.00	6.60	18.26	27.14	47.00
尼龙筛	1.00	1.80	2.60	6.80	10.40	33.80	43.60
差值	−1.00	−1.80	−1.60	−0.20	+7.86	−6.66	+3.40

电磁振动网筛代替尼龙细筛后，筛下粒度组成也发生了较大的变化，去除了粒度不小于 178μm 的过粗粒子，有利于最终精矿品位的提高。这说明电磁振动网筛在粒度控制方面优于尼龙细筛。

3. 节能减排总结

选矿厂实践表明，应用电磁振动网筛后提高了筛分效果，减少了二段磨矿系统的循环负荷量，从而为提高流程处理能力创造了必要的条件。据测算，一段磨机台时处理量提高 9.03%。

四、预选工序的节能减排设备

（一）CTS 永磁筒式磁选机

1. 节能减排特点

沈阳矿山机械集团公司在 20 世纪 60 年代初，首先研制成功我国第一台永磁筒式磁选机。经过 50 年来的不断发展，改进了磁系结构，采用新型铁氧体和稀土合金磁钢复合磁系，大大提高了磁感应强度，并形成了完整的产品系列。

CTS 永磁筒式磁选机适用于 0~6mm 的粗粒磁性矿物湿式选别，多用于粗选和预选工序，具有处理量大、操作简单、易于维护等特点。槽体溢流结构能有效控制流量，保证物料始终处于扫选区。

2. 应用实例

下面介绍山东金岭铁矿选矿厂的应用情况

（1）矿山简介　山东金岭铁矿选矿厂始建于 1967 年，生产工艺流程几经改造，2001 年已形成年磨矿 100 万 t 以上的生产能力。金岭铁矿为高温热液接触交代矽卡岩型金属矿床，主要金属矿物是磁铁矿、黄铁矿（含钴）、黄铜矿和磁黄铁矿；主要脉石矿物为辉石、绿泥石、金云母、蛭石及少量方解石等。矿石构造以块状珞石为主，浸染状次之，矿石结构主要为半自形/他形晶嵌镶结构，其中少量的细粒脉石矿物分布其中，嵌镶粒度一般为35~100μm。

2001 年前金岭铁矿选矿厂的工艺流程为：破碎筛分流程为二段一闭路，细碎前设预先筛分，筛上物经磁滑轮预选抛废，细碎后设检查筛分，筛上物料经磁滑轮预选后返回细碎形成闭路；磨选流程为一段闭路磨矿后，分级溢流先混合浮选后分离浮选，回收铜、钴，混合浮选尾矿经三段磁选回收铁。

（2）工艺改造过程　改造前流程使用 MQG2700×2100 格子型球磨机与 2FLG-1500 双螺旋分级机组成闭路，共有四个系列，根据实验室试验及半工业试验结果确定如下方案：每台球磨机入磨前各增设 1 台 CTS-1050×1000 磁选机进行粉矿湿式预选，预选精矿直接进入球磨机，预选尾矿自流到 DS2P-1224 振动筛（筛孔 2mm）进行筛分，筛上 2～14mm 粒级作为合格废石抛掉，筛下 0～2mm 粒级的预选尾矿返回 2FLG-1500 双螺旋分级机。

湿式预选工程于 2002 年 9 至 10 月完成设备安装、调试，从 2002 年 11 月至今运行正常。2003 年 3 月 11 日对湿式预选流程进行了考查，获得如下结果：

1）粉矿铁品位为 43.82%，铜品位为 0.116%，钴品位为 0.0154%；分级溢流矿铁品位为 47.12%，铜品位为 0.123%，钴品位为 0.0160%。溢流矿铁品位比粉矿铁品位提高了 3.3%。

2）废石铁品位为 6.06%，铜品位为 0.040%，钴品位为 0.0080%，为合格尾矿，符合抛废要求，抛废产率为 8.04%。

3）球磨机处理量达到 40t/h（从进入湿式预选作业计算），比设湿式预选作业前提高 5t/h。

3. 节能减排总结

粉矿湿式预选技术的应用，及早抛掉了难磨难选的废石，提高了选矿生产能力，优化了磨选作业条件，同时还减少了尾矿处理及贮存费用。现有流程每年入磨矿石 100 万 t 以上，采用湿式预选每年可抛废石 8 万 t 以上。扣除运营费用，每年可创经济效益达 70 万元。

（二）BKY 型预选磁选机

1. 节能减排特点

BKY 型磁铁矿预选磁选机是北京矿冶研究总院针对细碎后矿物特点和分选要求专门研制开发的专用筒式磁选机，具有如下一些节能减排特点：

1）高场强、大磁极面。采用高性能的钕铁硼磁性材料作为磁源，磁极组结构采用大磁极面以满足作用深度的要求。

2）大包角磁系。通过合理配置主磁极与辅助磁极的几何尺寸关系，在满足磁场要求的情况下，采用大包角磁系，使设备的分选带长度比常规 CTB 型磁选机增加 25%左右。矿浆在磁场中停留时间明显增长，被磁场吸附的

概率增加，有利于微细粒磁性矿物的充分回收。

3）大间隙顺流型槽体。顺流型槽体中粗颗粒不会引起沉槽堵塞，并减少了对筒体表面的磨损，适应粗粒磁铁矿预选时矿物粒度较粗的特点。大间隙可使粗细颗粒以及矿泥充分分层，有利于分选，并且处理量大。

4）多尾流通道。溢流尾矿通道排出细粒或细泥尾矿，而沉砂尾矿通道用于粗颗粒脉石排出，适合于粗粒磁铁矿预选时矿浆具有的粒度分布宽、粗细差异大、含泥量高的特点。

5）矿浆液面高。该特点是配合大包角磁系设计的，使得设备分选带较长，矿浆停留时间增加，提高了磁性矿物的回收率。

6）大分选室槽体结构。槽体有效容积大，适应矿浆给矿量，浓度波动的能力好于常规筒式磁选机，同时，也有利于粗细脉石和磁性矿物的分层分离。

由于上述特点，使得该设备不仅能适应粗粒磁铁矿预选时的高浓度、大粒度分布特点，而且磁性矿物的回收率高，具有磁性矿物回收充分、已解离脉石抛除充分、对生产适应性强等特点。

2. 应用实例

（1）莱芜矿业有限公司选矿厂的应用情况　莱芜矿业有限公司选矿厂通过磨前湿选工艺改造，提高了入磨品位，达到了增加原矿处理量的目的，实现了采选生产能力的产量规模匹配，为类似矿山的原矿处理提供了借鉴。

1）选矿厂概况。该厂始建于20世纪70年代初，设计年处理原矿40万t，是莱钢集团公司的主要原料生产基地之一。选矿厂生产工艺为两段连续磨矿细筛自循环流程。入选矿石主要以马庄矿区自产磁铁矿为主，矿石性质属大冶式高温热液接触交代矽卡岩型矿床，金属矿物以磁铁矿为主，含部分赤铁矿、褐铁矿、黄铁矿、白铁矿、磁黄铁矿等。

随着近年来矿山采矿技术的不断完善和采矿方法的技术攻关，原矿产量逐年递增，原矿性质也在逐渐发生变化。选矿厂虽然自1998年以来应用了大筒径磁选机，安装使用了脱磁器，将固定细筛加装了振动器，在一定程度上改善了选别效果，但不能完全将新增的矿量消化处理。

为匹配采选生产，经流程考查及分析论证，并考虑到矿石中含有细粒级岩石及品位较低的连生体，提出了在球磨给矿前抛弃细粒级废石，提高入磨品位，从而提高磨矿有效处理量的改造方案。

采矿生产过程中混入部分岩石，以及块矿中含有品位较贫的部分连

生体。当破碎粒度降至10mm以下时，可以将细粒级岩石、品位较低的连生体、磁性弱的赤铁矿等利用湿式预选提前抛尾不进入球磨选别工艺流程，从而减少进入磨机的废石量，增加矿石的入磨量，从而减少磨矿的电耗；另外，由于提高了入磨矿石的品位，所以有利于获得高品位精矿。

2）湿式预选的应用。磨矿原设计工艺流程为两段全闭路磨矿，由细筛控制最后选别粒级。充分利用现有空间和设备配置，在磨矿车间两台一段球磨机给矿前，各安装一台ϕ1050mm×1200mm湿式磁选机。湿式磁选精矿对应进入球磨机入磨，湿式磁选尾矿利用1200mm×2400mm直线振动筛进行水洗分级。筛孔尺寸为1mm，筛上+1mm废石用传送带运出至储料场堆存，筛下粒度小于1mm的矿浆自流至浓缩机，脱水后输送至井下充填。

湿式预选改造后入磨流程与改造前入磨流程对比如图2-3所示。

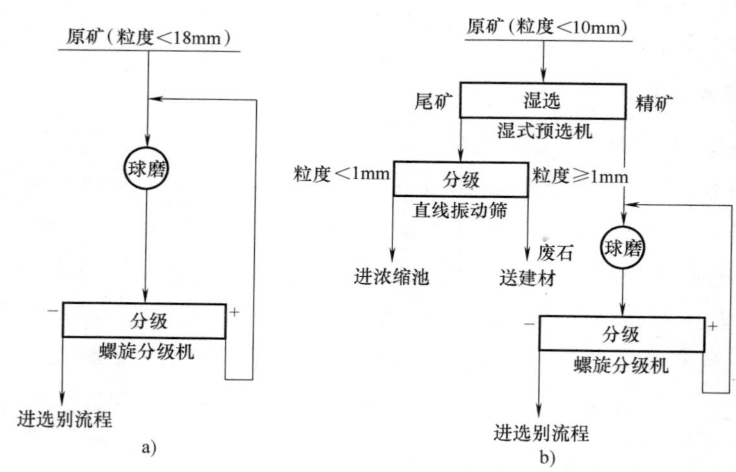

图2-3　湿式预选改造后入磨流程与改造前入磨流程对比

a）改选前工艺流程　b）改选后工艺流程

（2）顺达铁矿的应用情况　山东顺达铁矿最早采用BKY-1009型和BKY-1012型预选机各1台，用于细碎后入磨前的预选作业。随着产量的不断增加，选矿厂采用2台BKY-1024型预选机代替了原来的BKY-1009型和BKY-1012型预选机。抛除的合格尾矿产率为15%～20%，品位与选矿厂综合尾矿品位相当。在充分提高粗精矿品位的情况下，回收率高达97%以上。

3. 节能减排总结

1）预选作业指标良好，入磨品位由改造前的42%提高到了47%左右。球磨机入磨品位大幅度提高，为提升磨机生产能力创造了良好条件。

2）虽然台时处理量变化不大，但由于入磨品位的提高，在同样球磨机处理量的条件下，提高了球磨机有效处理量。铁精矿产量有了大幅度提高，年可增加铁精粉产量3.7万t；同时由于废石入磨量的减少，可节省一定的磨矿成本。

3）湿选后的尾矿经直线振动筛水洗分级后，粒度在1mm以上的可作为新型造砖材料，供公司砖厂使用，可获得一定的效益。同时粒度在1mm以下的浓缩后充填井下，变废为宝，经济效益和社会效益显著。

五、磨矿工序的节能减排设备

（一）中信重工双驱溢流型球磨机

国际上矿山选矿厂磨矿设备以筒式磨矿机为主，发展趋势是大型化和综合采用当代先进技术。采用大型筒式磨矿机可明显降低大型选矿厂的建设和生产成本，是节能减排的途径之一。

1. 节能减排特点

中信重工机械股份有限公司设计制造的ϕ7.32m×10.68m、11.172MW溢流型球磨机具有如下节能减排特点：

（1）创新的驱动方式　传动装置采用两个低速同步电动机、气动离合器、小齿轮轴组共同驱动大齿轮，从而带动磨机筒体旋转的方式。这是首次在17000 kW磨机上使用齿轮传动。齿轮传动与其他机械传动相比，效率高，工作可靠，寿命长。

（2）静压铜瓦轴承　主轴承采用静压滑动轴承，磨机启动前和运转中一直供高压油，高压油经分流马达进入油腔，自动进行静压油膜补偿，保证油膜厚度一致，为磨机运行提供不间断的静压油膜（油膜厚度>0.20mm），以确保轴颈和铜瓦完全不接触。这样，轴承和铜瓦在启动和运转期间滑动阻力仅来自流体黏性，摩擦因数小，工作寿命长。

（3）规格庞大、加工复杂的筒体和衬板　衬板采用橡胶端衬板、铬钼钢筒体衬板组合形式。筒体衬板为多波峰形状，具有方向性，迎着物料的方向波峰加厚，可以延长衬板的使用寿命近一倍。

（4）技术先进、性能可靠的配套设施

1）省时省力的全方位给料小车。该磨机给料小车驱动部分采用先进的RME全方位拖车系统，无须铺设轨道，360°全方位自由行走。其中支架为给料槽提供支撑，拖车为给料槽提供动力，将给料槽移除时用液压将给料槽顶出。给料仓上部采用快速衔接进料结构，可以快速和现场给料装置连接，改变了原来的法兰螺栓连接方式，省去了拆装螺栓的麻烦。

2）全新结构的齿轮罩。对齿轮罩结构进行改进，并对关键受力处进行了加强，方便现场相关部件的安装、拆卸和检测，大大减轻了工人的劳动强度，提高了工作效率。

3）流量最大的润滑系统。该磨机使用的静压轴承润滑站是中信重工设计的高压流量大（560L/min）、技术先进的润滑站。高压供油系统通过进口分流马达分别向磨机两端主轴承的4个油腔提供相同流量的润滑油。

新增了推力轴承高压供油系统，向磨机固定端的推力轴承提供静压支撑和润滑，使推力轴承产生推力，抵消设备运行产生的轴向力。

新增了蓄能器高压供油系统为蓄能器充压，油液作为紧急动力源在蓄能器中储存起来。当磨机紧急停车时，蓄能器储存的压力油释放出来对轴承进行润滑，保护轴承在失去高压油的情况下不受损坏。

4）技术先进的低压电控系统。低压电控系统采用人机界面控制技术，检测元件送出标准的直流模拟信号给PLC，各个点的状态值在电控柜的人机界面上实时显示出来。应用人机界面强大的图形及事件处理功能，使控制系统智能化，更易于操作和使用。在触摸屏上可以模拟显示磨机的工作情况，以及油流、压力和各点温度测量值等，还可以随时修改磨机的各种设定参数。

5）先进的配套设备。整机外配套件采用先进的国际一线品牌，如加拿大GE低速同步电动机，功率为8500kW，转速为176.5r/min；美国EATON的气动离合器，型号为D76VC2000，启动时间由4~7s改为5~10s，这样不仅减小了对电网的冲击，对大小齿轮传动也有益；美国AB振动监测系统可以实时在线监控小齿轮轴承和电动机轴承的振动情况；油膜测厚仪可以实时监测主轴瓦与中空轴之间的油膜厚度；美国RAYTEK红外测温装置可以实时在线监控小齿轮齿面温度，当齿面温差过大时会报警甚至停机；首次在齿轮两侧安装美国FARVAL喷射润滑装置，两边同时定时定量向小齿轮齿面喷射润滑油，确保齿面均匀润滑；澳大利亚RME拖车系统方便快捷，省时省力；RME机械手和螺栓冲，大大降低了工人的劳动强度，缩短了安装、更换衬板的时间，提高了磨机的作业率。

2. 应用实例

φ7.9m×13.6m、15.6MW 溢流型球磨机是中信重工机械股份有限公司（简称中信重工）继中国黄金集团内蒙古矿业有限公司乌努格吐山铜钼矿一期项目之后，双方再次携手，为二期项目 3.5 万 t/d 扩产项目设计制造的溢流型球磨机。该磨机于 2011 年 10 月在中信重工进行总装，并一次试车成功，同年 12 月发货完毕。于 2012 年 6 月现场安装完成，经一个多月的调试和带水试车，于 2012 年 8 月 7 日正式投产。

乌努格吐山铜钼矿二期项目在采用新设备后，单系列设计日处理量为 3.5 万 t，最大日处理量可达到 4.2 万 t，新增产值 28 亿元/a，新增利润 7.3 亿元/a（约 200 万元/d）。乌山日处理原矿量达到 7.5 万 t，年产矿山铜 7 万 t，以后 3 年新增地质储量将达到 80 万 t 铜。

截至 2013 年元月，现场中控室统计数据显示，乌山二期磨机组日处理量已达到 4.3 万 t，其中球磨机小时产量最高达到 1950t，成功实现了超产。

（二）静动压轴承球磨机

该型球磨机仍为筒式周边传动磨机。球磨机规格主要有 φ2700mm、φ2800mm、φ3200mm、φ3600mm 系列。该型球磨机采用了国外成熟先进的技术，高效节能，适宜在大中型选矿厂推广使用。

1. 节能减排特点

该型球磨机采用了国外成熟先进的技术，高效节能，适宜在大中型选矿厂推广使用。静动压轴承球磨机具有以下特点：

1）采用静动压轴承或静压轴承。采用静动压或静压润滑，磨机中空轴颈始终处于良好的润滑状态且磨机中空轴颈与主轴承间为全液体摩擦，摩擦阻力小，启动电流大大降低，因而磨机的运行能耗相应减少，磨机主轴承和中空轴颈的使用寿命延长。

2）采用气动离合器。电动机轴与小齿轮传动轴之间采用气动离合器连接，可实现电动机与球磨机分段启动，改善启动条件，降低启动电流和启动功率，减少对电网的冲击，同时可起到超负荷保险作用。

3）采用角螺旋等节能衬板。

4）采用齿轮喷雾润滑。喷雾装置定时定量地把润滑脂喷射到大齿轮工作表面，改善了齿轮润滑状况，减少了机械损失，降低了球磨机运转能耗，延长了齿轮使用寿命。

5）ϕ3200mm 以上的球磨机配备了慢速传动微拖装置和顶起装置。慢速传动装置可使球磨机筒体以 0.1～0.2r/min 的转速缓慢转动，并可在任意位置停下便于球磨机更换衬板、检修和微动盘车。顶起装置用于球磨机主轴承、中空轴检修时顶起球磨机筒体。

6）ϕ5000mm 以上的大型磨机配备了更换衬板的机械手。用该装置拆装和运送衬板，可以减少非运转工时 45%～50%，减少作业人数 40%，且减少了意外事故的发生。

2. 应用实例

青海省锡铁山铅锌矿是国内首家采用国产静动压轴承球磨机的矿山选矿厂，设计规模为 3000t/d，选用的球磨机为 3 台衡阳有色冶金机械总厂生产的 ϕ2.8m×3.6mQSG 型静动压轴承节能球磨机。在选矿厂正常生产 7 个月后，进行了现场检测。检测结果表明：该机各项技术性能指标均达到设计要求，与同类型的普通球磨机相比，矿石处理能力提高 7%～10%，单位矿石能耗降低 15%～20%，单位矿石钢耗降低 5%左右。

（三）QSZ 型中心传动球磨机

该型球磨机为衡阳伟业冶金矿山机械有限责任公司研发，包括格子型和溢流型在内的多个产品规格，适合于中小型有色金属矿选矿厂采用。

1. 节能减排特点

该型球磨机具有如下特点：

1）筒体由双列调心球面滚柱轴承支撑，磨机中空轴颈与主轴承间为滚动摩擦，摩擦阻力小，节能。

2）采用液力偶合器。液力偶合器的传动是一种柔性传动，力矩和转速依靠液力偶合器工作腔内的液力传递，可吸收和隔离扭振，缓和冲击，使球磨机缓慢升速和平稳启动，启动电流小，减少了对电网的冲击。

3）采用双级行星齿轮减速器，传动比大，传动效率高，不需大小齿轮，减小了设备质量。

4）配套电动机功率低，比同规格的普通型球磨机电动机功率减少 10.7%～40.5%。

2. 应用实例

甘肃陇南福利选矿厂，选用了国内第一台 ϕ1500mm×3000mmQSZ 型中心传动球磨机。该机经过 5 个月的生产运转后，进行了现场检测，同时对附

近青羊峡选矿厂 ϕ1500mm×3000mm 普通型球磨机进行了对比检测，检测结果见表 2-15。

表 2-15 QSZ 型与普通型球磨机检测结果比较

选矿厂名称		陇南福利选矿厂	青羊峡选矿厂
球磨机	规格及型号	QSZ-1530	MQC-1530
	有效容积/m^3	5	5
	给矿粒度/mm	0～38	0～15
分级机	规格及型号	FG-12	FG-12
	溢流细度(粒度小于 74μm,%)	79	68
处理量	按给矿计/[t/(h·台)]	5.75	5.42
	按新生粒度小于 74μm 计/[t/(m^3·h)]	0.87	0.65
传动电动机	安装功率/kW	75	95
	额定电流/A	140.8	187
	运行电流/A	109	160
	实耗功率/kW	68	88
处理单位矿石电耗/(kW·h/t)		10.56	16.24
球磨机启动时间/s		8.8	12.5
球磨机负载噪声/dB		94.4	105.5

检测结果表明，QSZ 型中心传动球磨机各项技术性能均优于同规格的普通型球磨机，单位矿石电耗降低 32.5%，节能效果显著，噪声也有降低。

（四）圆锥型节能球磨机

该型球磨机为中小型产品，和普通球磨机相比，该机能耗少，价格低，适于中小型选矿厂使用。

1. 节能减排特点

圆锥型节能球磨机有如下特点：

1）主轴承为调心滚子轴承，磨机主轴与轴承间为滚动摩擦，摩擦阻力小，无用功耗低，能耗少。

2）筒体出料端增加了一段圆锥筒体，既增加了磨机有效容积和处理能力，又使筒体内磨矿介质分布合理：在球磨机直筒体部分，球径大；在圆锥筒体部分，越接近排矿口，球径越小。因而可充分发挥各类球的作用，得到更细的磨矿产品。

3）大齿轮装于直筒体与圆锥筒体连接部位，减少了筒体扭曲应力，使齿轮模数及直径相应减少，从而使球磨机自重减轻 30%左右，降低了制造成本。其售价比同规格相对应的普通球磨机低 5%~10%。

4）采用新型环沟衬板，改善磨矿过程，降低了电耗和钢耗。

5）球磨机有效容积大，装机功率低。和相应的普通球磨机相比，有效容积大 13.6%~42.2%，装机功率低 14.3%~40.5%，见表 2-16。

表 2-16 圆锥型与普通型球磨机功率及有效容积比较

圆锥型球磨机			普通型球磨机			功率减少(%)	有效容积增加(%)
规格尺寸/mm	功率/kW	有效容积/m³	规格尺寸/mm	功率/kW	有效容积/m³		
φ900×1200	11	0.64	φ900×900	18.5	0.45	40.5	42.2
φ900×2100	15	1.15	φ900×1800	22	0.90	31.8	27.6
φ1200×1600	18.5	1.53	φ1200×1200	30	1.1	38.3	39.1
φ1200×2800	37	2.50	φ1200×2400	55	2.2	32.7	13.6
φ1500×2000	37	2.94	φ1500×1500	60	2.2	38.3	33.6
φ1500×3500	75	5.13	φ1500×3000	95	4.4	21.1	16.6
φ2100×2700	130	7.90	φ2100×2200	155	6.5	16.1	21.5
φ2100×3600	180	10.5	φ2100×3000	210	9	14.3	16.7

2. 应用实例

陕西凤县金矿在一期选矿厂设计中，第一段和第二段磨矿设备分别选用了山东招远黄金机械总厂生产的 φ2100mm×2700mm 和 φ1500mm×3500mm 圆锥型节能球磨机各 1 台。在一段球磨给矿粒度为 0~15mm 的情况下，磨矿系统实际处理能力为 310~320t/d，最高可达到 330t/d；二段分级溢流细度一般为 89.5%~91%，和类似矿石选矿厂采用普通球磨机的磨矿系统相比，选矿厂每年可多处理矿石 1.5 万 t，节电 32 万 kW·h。

（五）JM 系列大型立磨机

JM 系列大型立磨机是 20 世纪 80 年代末期由长沙矿冶研究院研发的一

款大型立式螺旋搅拌磨机。

1. 节能减排特点

该型磨机主要由传动装置、螺旋搅拌器、立式筒体和支座等部分组成，磨机筒体内径高比为1∶5~1∶6。传动装置采用三角带和齿轮减速器进行减速；筒体内部衬有不锈钢、工程陶瓷、聚氨酯或合金耐磨钢等材料；螺旋搅拌器一般采用不锈钢或合金耐磨钢等材料制作。正常工作时，工业矿物调浆后用泵将其打入磨机内部，对于较粗颗粒的矿物可以从上部给入，对于较细颗粒的物料一般从磨机下部给入。此种工艺流程与爱立许的大型塔磨机工艺流程十分相似。

磨机筒体内部一般充满诸如钢球、砾石等类型的磨矿介质。螺旋搅拌器在电动机经减速机减速后的驱动下慢速旋转。磨矿介质和物料在筒体内部做整体的自转运动以及多维的循环运动。在磨矿介质重力和螺旋搅拌器产生的回转挤压力的作用下，物料被摩擦力、少量的冲击挤压力及剪切力粉磨。

2. 应用实例

多年来，长沙矿冶研究院针对国内矿业发展的不断需求，进行了大量的试验及立磨机结构、材质的创新研究，设计制造了各种材质、各种型号的立磨机，并已广泛应用在钼矿、铅锌矿、铜矿、金矿、铁矿等金属矿山再磨或二段磨矿以及有色金属矿尾矿综合利用领域。下面介绍在铅锌矿再磨中的应用。

都龙矿石金属矿物共生关系密切、嵌布粒度细，要求的铜、锌粗精矿再磨粒度细（−38μm 粒级的质量分数分别为 85%、78%），常规磨机难以实现有效细磨，实施粗精矿再磨工艺必须寻找高效的细磨设备。根据北京矿冶研究总院铜、锌粗精矿再磨工艺试验研究成果，选用长沙矿冶研究院生产的立式螺旋搅拌磨机开展铜锌粗精矿再磨工业试验，达到了预期效果，并于2010 年在大坪、铜街、兴发车间推广应用，先后购置了 5 台 JM 系列立式螺旋搅拌磨机用于铜、锌粗精矿再磨。

应用两年后，铜精矿品位比改造前提高了 3.14%，铜回收率比改造前提高了 12.52%；在原矿锌品位明显下降的情况下，锌精矿品位比改造前提高了 0.62%，锌回收率比改造前提高了 0.29%。实施铜、锌粗精矿再磨工艺以来，充分体现了立式螺旋搅拌磨机的高效细磨优势，为提高铜、锌选矿技术指标发挥了重要作用。

3. 节能减排总结

具有大处理量能力的高效立式螺旋搅拌磨矿设备在选矿厂二段磨矿作业、粗精矿再磨或尾矿综合利用中应用，将减少二段磨矿所需的磨机数量。与球磨机相比，大型高效立式螺旋搅拌磨矿设备可以节约30%~60%能源，并降低所需维护和运行成本，将可以为矿山企业带来巨大的资源，并节约了费用。

（六）使用滚动轴承的磨矿机

1. 节能减排特点

传统球磨机的主轴承是滑动轴承，实践证明，球磨机滚动轴承替代滑动轴承技术改造，具有以下节能减排特点：

1）滚动轴承5年不用更换，省去了日常维护及年底大修，提高了磨机作业率。

2）节电率为5%~15%，一般为8%~13%。

3）节约水和润滑油。

2. 应用实例

（1）球磨机滚动轴承节能技术在大石河铁矿的应用

1）情况介绍。2001年12月6日，大石河铁矿开始拆除原QM 2736磨机，进入安装阶段。由于当时条件所限，两轴承座的高度差、平行度、平直度、中心距均无法测得准确数。筒体两侧端盖的同心度也没有检验及记录。滚动轴承球磨机对两中空轴同心度等制造和安装要素的精度要求比传统球磨机要严格。2001年12月17日开始运行，平均电流为28~30A。2002年1月和4月曾调整了轴承座，并检查了滚动轴承使用情况。由于时间有限，取不掉进矿器和排矿器，既不能测两中空轴的同心度，又不能调整轴承和紧定套的位置。通过现场检测，滚动体、滚道表面未发现划伤、脆化、麻点等现象，滚道中间、滚动体球面均为镜面，游隙正常。运转时，轴承座温度低于40℃，这说明滚动轴承运行状况良好。通过8个多月使用，磨机运行平稳，装球量和产量均达到了要求的指标。技改前后主要技术经济指标见表2-17。

表 2-17 技改前后主要技术经济指标对比

项目	装载量/t	台时产量/(t/h)	电压/V	电动机额定功率/kW	排矿粒度/μm
技改前	38~40	70~80	6000	400	74~300
技改后	38~40	70~80	6000	400	74~300

项目	综合耗能量	耗电量	年节电量/万 kW·h	年综合费用/万元
技改前	基准	基准	基准	基准
技改后	降低 17.87%	降低 13.87%	降低 47.76	降低 21.07

2）小结。技改后综合节能 17.87%，其中节电 13.87%，相关效益 4%。如果筒体的同心度、设备的基础水平达到设计要求，综合节能效果可进一步提高。技改后减少了设备故障停机，减少了维护量，达到了节能、环保等效果，有较好推广价值。以后可增加轴承测温、集中润滑等配套设施，使系统更加完善。

（2）南山铁矿选矿厂球磨机支撑系统的改造

1）情况介绍。马钢集团南山铁矿是一大型露天矿山，始建于 20 世纪 60 年代，集采矿、选矿为一体，年处理原矿达 600 万 t。其选矿厂有 ϕ2700mm×3600mm 球磨机 20 台，是选矿厂的主要核心设备。2005 年 6 月，南山选矿厂进行了首台球磨机轴承的改造，将液体动压滑动轴承支撑改为滚动轴承支撑。

改造后支撑结构的特点：固定套采用的是上下剖分结构，6 个 ϕ16mm 螺栓预紧固定在中空轴上，固定套和中空轴之间的配合不足以传递球磨机工作时所需的载荷，因此，轴承必须要进行热装，将轴承缓慢加热至 230℃ 左右，再装配到位，利用轴承内圈的冷收缩来满足工作需要；由于改造所需轴承为大型非标轴承，内外径分别为 ϕ1060mm、ϕ1400mm，如选用普通结构轴承，拆装将非常困难，因此这次改造选用的是内径锥度为 1∶25 的轴承。

2）小结：①改为滚动轴承支撑后，提高了球磨机主、从动齿轮的啮合精度，有利于提高球磨机的运转平稳性和降低噪声。②改造后，滚动轴承采用润滑脂润滑，淘汰了原有的稀油润滑系统，故障率大大减少，球磨机作业率得到提高。据统计，作业率由原来的 88%左右上升到 94%左右。③减少动力消耗，通常滚动轴承和滑动轴承的摩擦因数分别约为 0.05 和 0.1，减

少的动力消耗5%左右。这与现场检测的球磨机同步电机的工作电流也是相符合的。轴承改造前，球磨机同步电机的正常工作电流是38~40A，改造后的正常工作电流是36~38A，下降了2A左右，而球磨机电源电压是6000V。因此，按作业率94%计算，每台球磨机每年可节电8.4万kW·h，节能效果相当显著。

3. 节能减排总结

传统球磨机的主轴承是滑动轴承（球面瓦），滑动轴承摩擦阻力大，刮瓦费时而繁琐，且需要稀油站。用滚动轴承代替滑动轴承，既可以降低摩擦功耗，达到节电效果，又不需要日常维护，且球磨机的运转率高。事实证明，用滚动轴承取代滑动轴承，是球磨机节能降耗重要而有效的措施之一。

（七）优化磨矿介质制度的球磨机

磨矿介质制度是指在工业生产中根据矿石性质、给料及磨矿产物粒度特征以及其他工作条件而选定的磨机中的介质形状、材质、尺寸、配比、充填率以及合理补给。

1. 精确化装补球的球磨机

球磨机在运转过程中钢球不断磨损，筒体内球荷球径和数量发生变化，为保持合适的钢球充填率和精确的筒体内球荷球径，保证稳定的磨矿条件和良好的磨矿效果，必须进行补加球。

（1）精确化装补球节能方法　球磨机中的装球必须做到球径精确，包括单级别的精确及整体球荷球径的精确。精确化装补球方法的要点如下：

1）针对特定矿石进行筛析，确定待磨矿石的粒度组成特性，按粒度大小进行多级分组。

2）分析特定矿石抗破碎性能，用球径半理论公式计算各组矿粒所需的精确球径。

3）根据待磨物料粒级组成特性，用破碎统计力学原理指导配球，以求得最大破碎概率为原则进行各种钢球的配比，或者根据磨矿中存在的问题要加速某些粒级的磨碎速度而进行特殊配球，完成初装球配比。

4）装补球计算一次完成，既然初装球比例认为是适合物料粒度特性的，而且配比是科学的，就以其作为补球计算的依据进行补球计算，减少一次清球及简化补球计算，减少补球种类，补加2~3种即可。

（2）应用实例　狮子山铜矿是一座开采近30年的老矿山，随着铜矿资

源的锐减和品质的下降，产品产量呈下降趋势，同时，由于生产规模的局限，边际品位的表外矿没有得到充分利用。选矿厂采用三段一闭路碎矿，碎矿粒度为0~12mm，磨矿采用一个系统两段闭路磨矿的工艺流程，一段球磨的分级溢流经旋流器分级后，沉砂进入二段球磨再磨，一、二段均为3.2m×3.1m格子型球磨。

昆明理工大学磨矿课题组在狮子山铜矿实施精确化装补球方法，并对磨机的机构参数进行了调整及优化。试验证明，增产节能降耗效果显著。

（3）小结　生产技术指标统计表明：①由于精确化装补球方法在狮子山铜矿中的应用，磨机台时生产能力从76.46t/台时提高到88.89t/台时，平均提高了16.26%。30个月处理矿石250682t，多产铜精矿6870.929t，多产精矿含铜1768.952t。②在原矿品位从0.720%降至0.626%（降幅达13.06%）的情况下，精矿品位提高了0.18%。③回收率从89.42%提高到90.23%，提高了0.81%。

电耗及球耗情况：①狮子山铜矿选矿吨矿电耗从28.70kW·h/t降至22.18kW·h/t，降低了22.72%。②球耗从0.59kg/t降至0.38kg/t，降低了35.59%。③30个月节电10234726.0kW·h，节省钢球291.31t，节支总额达654.90万元。一个规模仅2200t/d的中型选矿厂，以完整的2007年计，年节电443.9×10^4kW·h，节省钢球161.5t。

2. 优化磨矿介质的球磨机

TQ抗磨铸铁球、铬钒钛材质锻造及轧制的钢球、多元低合金贝氏体铸钢磨球、屈氏体高铬铸铁球和铸铁段等新型磨矿介质在工业应用中表现出了优于钢球的一些特性，实践中可在一定程度上降低磨机球耗。

（1）节能减排特点　CADI全名含碳化物奥铁体球墨铸铁（carbidic austempered ductile iron），是以铁、碳为基，碳主要以球状石墨和碳化物存在，并通过等温淬火热处理得到以奥铁体为主要基体的强韧性兼备的球墨铸铁磨球，也称含碳化物奥铁体球铁磨球。

一般情况下出厂时CADI磨球的硬度为53~58HRC，冲击韧度为11~28J/cm^2，硬度相当高，冲击韧度也高。CADI磨球的主要特点是耐磨、节电、不破碎、无剥落、不失圆，能显著提高渣浆泵、叶轮、高频振动网筛、磁选机等辅助设备的寿命。同时CADI材料的低弹性模量特点决定了CADI磨球在运转过程中具有减振、降低环境噪声等优点。

（2）应用实例

1）情况简介。河源市紫金天鸥矿业有限公司下属有两个矿区三个选矿厂，分别为宝山矿区 40 万 t 选矿厂、天鸥矿区 20 万 t 小选矿厂和 80 万 t 大选矿厂。2012 年 8 月以前天鸥矿业公司下属三个选矿厂球磨机所用磨球为高铬磨球和低铬磨球。为了降低球磨工段的成本和提高磨矿效果，从 2012 年 8 月，CADI 磨球先后在宝山、天鸥矿区的三个选矿厂中使用。下面主要介绍在宝山矿区的使用情况。

2012 年 8 月以前，宝山矿区选矿厂一直使用的是高铬磨球，使用高铬磨球各时期磨球单耗见表 2-18。CADI 磨球从 2012 年 8 月开始在宝山矿区选矿厂投入使用，其各时期磨球单耗见表 2-19。

表 2-18　高铬磨球在宝山矿区选矿厂使用时的磨球单耗

时间	处理量/t	磨球消耗/t	磨球单耗/(kg/t)
2012 年 3 月	18000	11340. 00	0. 63
2012 年 4 月	31890	20090. 70	0. 63
2012 年 5 月	26200	12314. 00	0. 47
2012 年 6 月	22220	8665. 80	0. 39
2012 年 7 月	34100	11594. 00	0. 34
小计	132410	64004. 50	0. 48

表 2-19　CADI 磨球在宝山矿区选矿厂使用时的磨球单耗

时间	处理量/t	磨球消耗/t	磨球单耗/(kg/t)
2012 年 9 月	24303. 00	5820. 00	0. 24
2012 年 10 月	14979. 00	3004. 40	0. 20
2012 年 11 月	15516. 00	2793. 20	0. 18
2012 年 12 月	27537. 00	3771. 20	0. 14
2013 年 1 月	16684. 00	2481. 60	0. 15
2013 年 2 月	4959. 59	676. 80	0. 14
2013 年 3 月	8309. 42	1221. 00	0. 15
2013 年 4 月	15685. 94	2860. 40	0. 18
2013 年 5 月	12402. 64	2303. 60	0. 19
小计	140376. 59	24932. 20	0. 18

从表 2-18 和表 2-19 中可以看出：磨球单耗有了明显降低，使用 CADI 磨球和使用高铬磨球相比，磨球单耗降低了 62.50%。

2）小结：①由于 CADI 磨球有更高耐磨性，在生产中使用 CADI 磨球时磨球单耗更低，磨球单耗低进而会导致用电单耗降低。②通过对 CADI 磨球在使用过程中硬度、破碎率和失圆率的检测分析，发现 CADI 磨球的破碎率、失圆率十分低。

3. 节能减排总结

通过调整介质参数（尺寸、配比及形状）均能获得显著的节能降耗效果，而且球径、装补球制度和介质形状的调整均是在不改变选矿厂原有流程的基础上进行的，不仅没有增加投资成本，还获得了显著的节能降耗效果，使介质成本降低。因此，调整介质参数，形成合理的介质制度，是选矿厂不改变现有流程、不增加投资成本而能降低能耗的有效途径。

（八）改进衬板的球磨机

衬板是球磨机的研磨体，在磨机运转过程中受到冲击挤压、摩擦及腐蚀、热效应等物理化学作用。因此，磨机衬板结构、材质等性能的优劣，直接影响磨矿的细度和生产成本的高低。

1. 使用橡胶衬板的球磨机

从 1921 年以来，磨机衬板用橡胶配方的研究工作取得了很大成就，1921 年第一套橡胶衬板安装于 1 台 1.2m×6.1m 的二段球磨机上，用于磨金矿。通过对橡胶材质、衬板结构和安装方式等的综合改进，现在许多细磨作业磨机已成功而经济地广泛使用了橡胶衬板，在一定范围内也应用在粗磨作业的球磨机中。

（1）节能减排特点

1）耐磨性好，使用寿命长。腐蚀磨损是湿磨中衬板磨损的主要因素。对应于不同矿物硬度变化，橡胶衬板的磨蚀效应比金属衬板的磨蚀效应迟钝得多。

2）质量轻，节电效果显著。橡胶衬板的质量小，以 ϕ3600mm×4000mm 球磨机为例，每套高锰钢衬板的质量为 27t，而橡胶衬板的质量仅为 5t，电能消耗显著下降。

3）降低成本，提高经济效益。橡胶衬板寿命的增长，减少了停车次数，提高了球磨机作业率（平均提高3%~5%），从而使球磨机稳定操作，提高了产量，降低了作业成本。

4）降低噪声，改善劳动条件。橡胶衬板弹性大，可以吸收振动冲击，减轻噪声污染，改善选矿厂工人劳动强度。一般高锰钢衬板噪声为94~110dB，橡胶衬板噪声为85~95dB，平均降低10%左右。

5）减轻劳动强度，安装维修方便。橡胶衬板的质量小，单块衬板的质量由100~400kg降为20~40kg，不仅减少了安装维修时潜在的危险，降低了工人劳动强度，也节省了安装维修工时。

（2）应用实例　下面介绍中铝广西分公司球磨机引进使用橡胶衬板的效果。

1999年中铝广西分公司首先在1台球磨机端部开始试用橡胶衬板，在取得较好的效果后，于2002年开始在所有球磨机端部改用橡胶衬板。通过多年的持续试验和改进，证明橡胶衬板比锰钢衬板在耐蚀性、耐磨性方面有明显的优势，在介质温度高、碱浓度高和物料硬度高等工矿条件应用可行的情况下，于2004年3月把3#球磨机的锰钢衬板全部改用了橡胶衬板。

该磨机在更换橡胶衬板后，从2004年3月运行至2006年9月大修，使用效果一直良好，期间基本没有出现锰钢衬板经常出现的漏料现象，每小时处理矿石量达到105t，主要技术和经济指标明显优于锰钢衬板（见表2-20）。

表2-20　中铝广西分公司钢衬板及胶衬板的主要参数

类型	质量/t	使用寿命/t					价格/万元				
		筒体衬板	端板衬板	筒体提升条	端部提升条	压条	筒体衬板	端板衬板	筒体提升条	端部提升条	压条
钢衬板	79.57	7200	4000	—	—	5000	59.63	11.42	—	—	4.5
胶衬板	16.22	13140	8600	8000	4500	—	19	4.2	22	4.6	—

安装橡胶衬板后，磨机运行过程中是矿石、钢球和橡胶的摩擦碰撞，与钢衬板的钢对钢碰撞相比，运行噪声肯定要低于安装钢衬板的其他磨机，实际噪声检测也验证了这一点（见表2-21）。

表 2-21 中铝广西分公司安装钢衬板及胶衬板噪声对比

类 型	频率/Hz							
	63	125	250	500	1000	2000	4000	8000
	噪声/dB							
钢衬板	92	92.5	96	97	92.5	89	84	73
胶衬板	89	89.5	86	87	78	74	70	62

表 2-21 是 3 台磨机同时运行时得出的检测数据。其中，只有 1 台磨机安装了橡胶衬板，另外两台仍然安装了锰钢衬板。如果仅仅是 3#磨机运行，没有其他两组磨机产生的背景音，那么测出的数据比表 2-21 还要好。

（3）小结　使用橡胶衬板后，不仅衬板使用寿命大大提高，而且对产能有保证，备件费用降低，节能效果也很明显，同时还可以降低噪声，提高操作人员的生产环境，减轻检修劳动强度。

2. 使用磁性衬板的球磨机

（1）节能减排特点　磁性衬板是一种具有磁性的金属衬板或金属橡胶磁性衬板。它靠磁力紧紧吸附在磨机的筒体上，利用磁性在衬板工作表面上吸附易磁化的物料，如磨碎的小钢球、钢球碎片和不同粒度组成的磁性矿物，形成滚动保护层。在磨机运转中保护层不断更新，极细粒物料稳定地固结在最底层，有效地减少衬板磨损，保护层表面呈波纹状，对入磨物料有提升作用，以提高磨矿效率。

磁性衬板的问世是磨机衬板史上一次重大突破。它能降低生产成本，节省电耗、球耗，提高磨机作用率，增加生产能力；同时减轻工人劳动强度，改善工作环境，提高企业经济效益。

（2）应用实例　下面介绍金山店铁矿选矿厂应用金属磁性衬板的情况。

1）情况简介。金山店铁矿选矿厂于 2003 年在 4#格子型 ϕ3.6m×4m 球磨机筒体和进料端盖内壁上试用了金属磁性衬板，而排料端高锰钢材质的格子板和卸料槽不变，以考查金属磁性衬板的可靠性与优越性。

在 ϕ3.6m×4m 格子型球磨机上，采用金属磁性衬板与高锰钢衬板进行经济效益对比。使用寿命分别按 4 年和 8 个月，价格分别按每月 45 万元和 22 万元，其电耗和球耗指标分别按每小时降低 79.62kW·h 和下降 0.063kg/t（原矿），电费单价按 0.45 元/(kW·h)，钢球单价按 4.08 元/kg，磨机作业率按 87.16%来计算直接经济效益。金属衬板寿命延长产生的经济效益为21.75万元/a，节电24.73万元/a，节约钢球（4#球磨年处理原矿按80万t计算）20.6万元/a，每年直接经济效益总计67.08万元。

金山店铁矿经两年多的运转实践证明，金属磁性衬板运转可靠，效益显著。因此，在350万t/a扩产工程相配套的选矿工艺改造中（处理铁精矿能力为120万t/a，铁精矿品位≥65%），于2005年在二段磨矿用的2#、3#两台MQY3660湿式溢流型球磨机上全部使用金属磁性衬板，使得筒体和端盖上少加工安装孔近300个，节约了设备投资。目前，这两台磨机运行情况良好，月作业率达92.6%以上，彻底解决了漏矿现象，且故障性停机极少。另外，磨机台时处理量提高较大，磨矿效率增加，保证了每月顺利地完成了10万t铁精矿的生产任务目标，经济效益显著。

2）小结。通过金属磁性衬板在金山店铁矿选矿厂格子型球磨机上的实际应用，表明了金属磁性衬板运转的可靠性和优越性。磨机使用金属磁性衬板不但筒体无漏矿现象发生，安装拆卸方便，可提高磨矿效率，对下道作业也无不良影响，并节约了钢球和用电量，且实际应用中衬板退磁与磨损甚微，其使用寿命可长达3~4a，是普通衬板的5~6倍。

3. 节能减排总结

目前我国金属矿选矿厂球磨机衬板仍以高锰钢为主，存在的问题主要是钢耗大，电耗大，处理每吨矿石电耗8~20kW·h，约占选矿厂总电耗的45%~65%；寿命短，在一段球磨机中为6~8个月，二段为12~18个月；质量大，噪声高；在湿磨中抗矿浆化学腐蚀性磨损能力差。近年来，橡胶衬板、磁性衬板和合金衬板等在球磨机机应用取得了明显的节能效果。改进磨机衬板的表面形状和材料的力学性能是选矿生产降低能耗、钢耗，提高经济效益的有效措施之一。

六、分级工序的节能减排设备

（一）KMLF型斜窄流分级机

1. 节能减排特点

斜窄流（商品名为“斜板”）是“斜窄上升流”的简称，其定义为在斜置且封闭、断面窄小而规整不变的通道内上升的连续流。斜窄流过程具有斜浅层和窄小断面上升流等两个过程的基本特征。

该设备处理能力大，分级过程稳定，分级精度和分级质效率高，设备无

运转部件，能耗低，操作维护方便。实验室试验、扩大试验、72h 连续试验结果表明：新型斜板分级箱单位面积处理能力大，分级效率高，适应能力强，而且具有一定的富集作用。

2. 应用实例

该型设备推广应用到整个攀枝花及周边地区、承德及周边地区的（钒）钛磁铁矿选矿工艺中的分级、脱泥及浓缩作业，云锡集团的锡矿选矿工艺中的多个作业。随后发展到用于闭路湿磨工艺，首先在昆明冶金研究院所属重介质增重材料生产厂的闭路湿磨中取代 ϕ125mm 水力旋流器，取得了良好指标；接着在云天化集团多家磷矿的闭路湿磨中得到应用推广，取代了传统的普通螺旋分级机。

下面介绍 KMLF-80/55 型斜窄流分级机在锡矿山的应用情况。

云南梁河锡矿给矿含泥量大，入料中-19μm 粒级的含量达 51.82%，颗粒间易团聚吸附，这对分级十分不利。在技改工程中选用了一台 KMLF-80/55 斜窄流分级浓缩机，能够满足该矿生产要求达到的技术指标：在给矿的质量分数为 5%，矿浆流量 2000m^3/d 时，沉砂的质量分数为≥17%，分级效率≥70%。

生产运行结果表明，该设备分级脱泥效果好，作业浓缩比大。在给矿的质量分数为 4.2%时，沉砂的质量分数为 20%，沉砂中+19μm 粒级的回收率在 75%以上，溢流中-19μm 粒级的去除率在 74%以上，为后续作业创造了条件。而且，沉砂产品得到了一定幅度的富集，入选品位提高了 0.1%，有利于下一步选别作业。

3. 节能减排总结

KMLF-80/55 型的斜窄流分级机完全适合处理给矿量大、浓度低、粒度细的矿浆分级。该设备工艺性能先进，设备分级过程平稳，分级效率高。由于该设备无运动部件，无动力消耗，所以生产维护方便。

（二）FX 型大直径水力旋流器

1. 节能减排特点

水力旋流器用作分级设备时，主要用来与磨机组成磨矿-分级系统。水力旋流器有如下节能减排特点：

1）构造简单，轻便灵活，没有运动部件。

2）设备费用低，容易装拆，维修方便，占地面积小，基建费用少。

3）单位容积处理能力大。

4）分级粒度细，可达 10μm 左右。

5）分级效率高，有时可高达 80%左右。

6）矿浆在旋流器中滞留的量和时间少，停机时容易处理。

2. 应用实例

下面介绍大直径旋流器在三山岛金矿磨矿分级中的应用情况。

三山岛金矿属于典型的蚀变形矿床，矿石以原生硫化矿为主。矿石中金属矿物以银金矿和黄铁矿为主（占金属矿物总量的 90%以上），其他为自然金、毒砂、闪锌矿、方铅矿和黄铜矿等；非金属矿物以石英、绢云母和长石为主，其他为方解石。

三山岛金矿选矿车间过去一直采用螺旋分级机作为主要的分级设备。该设备分级质效率低，只有 20%~30%，造成磨矿分级细度不够，同时又存在严重过磨现象。该矿选矿车间共有两个相对独立的磨矿分级系统，工艺流程如图 2-4 所示。一系统达到日处理量 3000t，其中二段旋流器主要工艺参数：旋流器给矿的质量分数为 50%~55%，溢流中粒度小于 74μm 的质量分数在 55%以上，溢流的质量分数为 38%±2%。

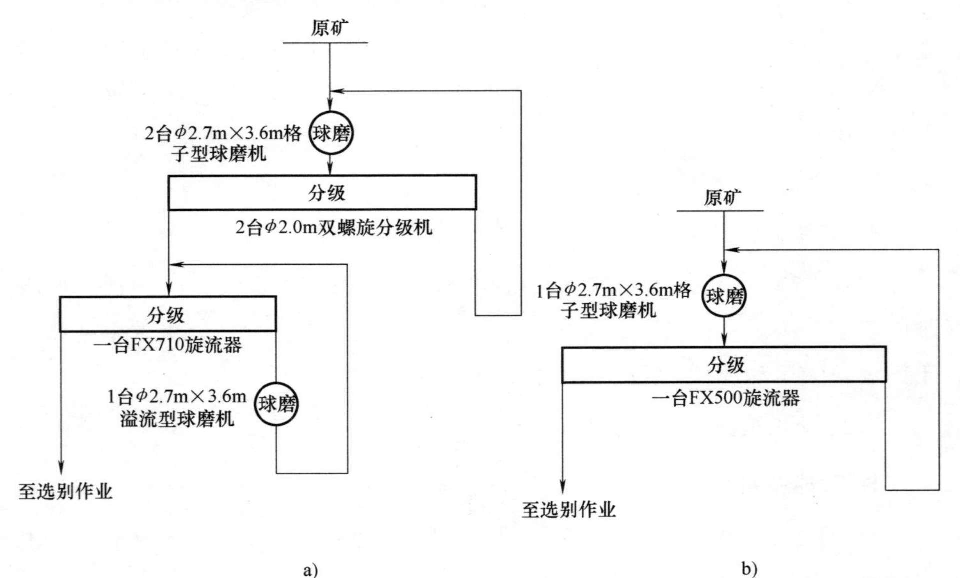

图 2-4　三山岛金矿磨矿分级系统的工艺流程

a）一系统　b）二系统

根据生产能力，采用 150ZJ-60 渣浆泵作为旋流器供矿泵，额定流量为 $400m^3/h$，额定扬程为 31m。并配用一台变频调速器，以便根据泵槽液位调整转速，保证泵不抽空，旋流器工作压力稳定。投产后 FX710 大直径旋流器的主要技术指标见表 2-22。

表 2-22　三山岛金矿 FX710 大直径旋流器生产技术指标

物料名称	质量分数（%）	粒度小于 74μm 的质量分数（%）	分级效率（%）	循环负荷（%）	入料压力/MPa	处理量/(t/d)
给矿	54.7	31.48				
溢流	38.0	57.20	43.06	154	0.05～0.07	3000
沉砂	76.4	16.94				

由表 2-22 可知，FX710 大直径旋流器在满足处理量 3000t/d 的前提下，具有以下优点：

1）溢流的质量分数为 38.0%，溢流中粒度小于 74μm 的质量分数为 57.20%，分级效率为 43.06%，均达到了预期要求。

2）与 2.7m×3.6m 溢流型球磨机组成的磨矿分级作业的循环负荷为 154%，有利于提高二段溢流型磨机的台时处理量，同时也有利于减少过磨。

3）入料压力仅为 0.05～0.07MPa，既降低了分级作业的能耗，又减轻了泵和旋流器的磨损，从而提高了设备的使用寿命。

3. 节能减排总结

FX710 大直径旋流器和 FX500 旋流器在三山岛金矿选矿车间一年多的生产应用表明：旋流器在低压力的给矿条件下，具有较高的分级效率；处理能力、磨矿分级细度和浓度均达到或超过了设计指标，磨机过磨现象显著降低；分级作业的低压力给矿条件，减轻了旋流器、管路及其给料泵的磨损，提高了设备的使用寿命，有利于生产工艺流程的稳定。

第三节　矿石准备作业的节能减排工艺

选矿企业的能耗主要是不同用能设备满足一定的选矿生产工艺要求的能耗。因此，除了改造、更新设备进行节能减排以外，改进选矿工艺也是节约能源与材料消耗、降低排放的一个方面，而且尤为重要。选矿厂的生产具有

非线性、多变量、时变性、大滞后、强耦合的特点，与一般的化工和冶炼过程相比，其过程控制就显得更加复杂。

通过改进工艺进行节能减排具有如下一些特点：

1）工艺改进是带有根本性的措施。一项工艺改了，可能取消某项设备。这项设备的更新改造问题，对这一生产过程来说就失去其意义。

2）工艺路线的改进相对于某一设备的改造而言带有全局性，节能效果更为显著。

3）工艺改进投资较低。

4）工艺改进还能带动原材料、劳动力以及场地等的节约。

一、简化优化原有的流程

（一）包含预先筛分的磨矿工艺

选矿厂的生产规模多由球磨机的处理能力决定，通过提高球磨机的处理能力，可实现扩大生产规模、降低生产成本的目的。

1. 工艺介绍

在磨矿过程中，细颗粒物料包裹在粗颗粒表面，相当于一个“垫”，阻碍了钢球对粗颗粒的冲击、研磨，降低了磨矿效果。预先筛分工艺将大部分细粒级物料分离出去，增加了钢球与粗颗粒之间的有效接触，提高了磨矿效果，同时也减少了细粒级物料的过磨现象。

磨矿首先要能将粗颗粒磨碎，才能保证排矿流畅，维持球磨机内部进出物料的平衡，避免球磨机出现“胀肚”现象。这是保证球磨机的连续运转，进而提高处理能力的前提。

球磨机内部大块物料的破碎主要由大直径钢球的冲击产生，而合格粒级（细粒级）大部分由钢球的研磨产生。由于小直径的钢球比表面积大，所以球磨机内的存在一个钢球级配的问题，合理的装球比例在一定程度上能提高磨矿效果。

该工艺特点是：利用原矿特性，在原矿进入磨矿作业之前，采用预先筛分工艺，将细粒级物料预先筛出。筛下产品及球磨机排矿进入旋流器分级，筛上产品及旋流器沉砂进入球磨机。

2. 应用实例

下面介绍新疆某铜矿磨矿预先筛分工艺的应用情况。

新疆某铜矿矿石：矿石类型地表是氧化矿，深部为原生矿，中部为混合型铜矿石。原矿含泥多，密度低，易破易磨，属于低硫低铁单一铜矿。矿物组成比较简单，铜矿物主要由辉铜矿、铜蓝、蓝铜矿、孔雀石组成，脉石矿物主要由石英、钾长石、方解石、钾长石、绢云母组成。

该矿石易破碎、易磨矿，原矿细粒级物料含量高，并含较多矿泥，原矿中粒度小于 74μm 的质量分数达到 26.88%，粒度小于 0.010mm 的质量分数为 6.20%。这说明该矿含泥量较大，在磨矿前将细粒级物料筛出，筛出部分不经磨矿直接进入浮选，可降低球磨机负荷，或者说是提高了球磨机的生产能力。

该厂磨矿分级流程中预先筛分采用 2YK2400mm×4800mm 双层直线筛，上层筛孔尺寸为 5mm×30mm，下层筛孔尺寸为 2mm×30mm，上层筛筛上产品和下层筛筛上产品合并，与旋流器的沉砂一起给入球磨机。磨矿为 ϕ3600mm×4500mm 格子型球磨机，分级为 6×ϕ500mm 旋流器组，旋流器给矿泵为 10/8E-AH 沃曼渣浆泵，磨矿分级工艺流程如图 2-5 所示。

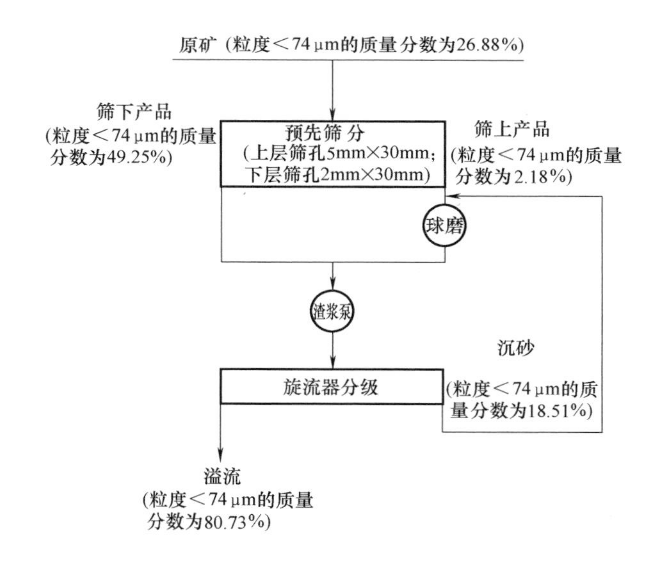

图 2-5 新疆某铜矿带预先筛分的一段闭路磨矿分级工艺流程

该厂磨矿分级工艺流程的技术指标如下：

1）预先筛分筛下产品直接进入旋流器，此部分物料产率为 44.57%，即球磨机的磨矿负荷减少 44.57%。这为球磨机处理能力创造了很大的提升空间。

2）旋流器的分级量效率为71.23%，分级的质效率为59.35%。这说明旋流器分级效果良好，减少了合格粒级的重复再磨现象。

3）球磨机的返砂比为323.70%，这是一个很理想的状态。这说明钢球配比合理，球磨机工作状态稳定。

4）球磨机的供电电压为10kV，电动机功率为1250kW，额定电流为83A，实际球磨机电流仅为33A，负荷率仅是40%，磨矿电耗为5.3kW·h/t，总的选矿电耗仅为15.8kW·h/t。比较而言，该选矿厂选矿电耗很低，其原因：一是该矿石硬度低，易磨矿；二是预先筛分工艺降低了磨矿电耗，每吨矿石可降低2kW·h/t，节电效果明显。这说明通过工艺流程节电比设备本身的节电效果好得多。

5）磨机利用系数。目前，该选矿厂经改造后实际生产能力达到3000t/d，原矿中粒度小于74μm的质量分数为26.88%，旋流器溢流中粒度小于74μm的质量分数达到80.73%，则每小时新生成的粒度小于74μm的矿量为67.31t，球磨机的有效容积为41.2m^3，则磨机利用系数达到1.63t/(m^3·h)。其他选矿厂的磨机利用系数为0.8~1.2t/(m^3·h)，磨机利用系数为1.63t/(m^3·h)，一是说明该矿石是易磨矿石，二是说明磨矿预先筛分起到了作用。

6）该选矿厂钢球单耗仅为0.35kg/t。在相同矿石硬度下，与不带预先筛分相比，钢球用量可减少30%。

7）预先筛分工艺减少了矿石的过粉碎，促进了选矿回收率的提高。该选矿厂回收率达到96.64%。

3. 节能减排总结

由于预先筛分工艺的应用，该铜矿选矿厂球磨机处理能力提高了44.57%，并且优化了旋流器给矿的粒度组成，改善了旋流器的分级效果。既省电，又降低了磨矿钢球单耗。与此同时，还减少了矿石的过粉碎，优化了选矿各项技术经济指标。

（二）半自磨-碎矿-球磨（SABC）工艺

1. 工艺介绍

典型的SABC工艺流程是把半自磨机中排出来的全部“难磨粒子”，经细碎机破碎后，再返回半自磨机。自磨产品经筛分分级，筛下产物分级后的

沉砂送第二段球磨；筛上产品经过带式输送机运至顽石仓，再经传送带给矿机给到顽石破碎机，破碎后的产品返回半自磨机。SABC 工艺流程的优点是矿石性质变化时适应性强，尤其是对坚硬矿石提高自磨机的处理能力更为有效。该破碎方案省去了中、细碎作业，简化了工艺流程，减少了生产环节，生产成本低，便于管理，生产环境好，降低了常规破碎流程中大量的粉尘污染和繁重的维修强度。

2. 应用实例

内蒙古某铜钼矿是中国黄金集团最大的有色金属矿山，也是全国第四大铜矿，是我国目前开发的低品位大型多金属矿床，地质储量为铜金属 267 万 t、钼金属 54 万 t。

选矿厂由长春黄金设计院设计，磨矿工艺流程是 SABC 工艺流程，设计生产能力为 30000t/d，矿石邦德球磨功指数为 13.38 (kW · h)/t。选矿厂于 2007 年开始建设，2009 年投产。该厂的 SABC 工艺流程如图 2-6 所示。

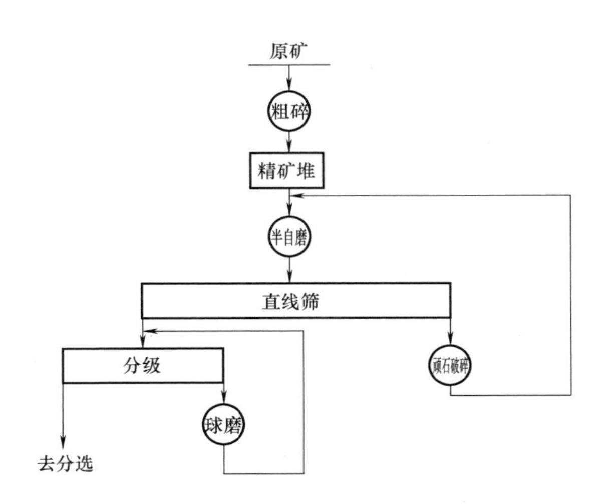

图 2-6　内蒙古某铜钼矿选矿厂的 SABC 工艺流程

通过调整 SABC 工艺流程中给矿粒度组成、顽石窗和格子板的开孔率、钢球的尺寸和充填率、合理的钢球直径和配比、振筛的开孔率、HP800 破碎机的排矿口等，从而使 SABC 生产能力问题得到了有效解决，系统生产能力目前达到 35000 t /d。由于半自磨技术的应用，打破了“先碎后磨”常规工艺顺序，同时生产实践表明，要正确合理选择碎磨工艺流程，应把碎矿和磨矿两者联合起来考虑。

3. 节能减排总结

中国黄金集团内蒙古矿业有限公司选矿厂 SABC 工艺的投产使用，开拓了我国大型矿山磨碎新理念。选矿厂通过对 SABC 工艺流程的探索研究，确定大型半自磨机是替代传统碎磨工艺的现代化高效设备，极大地减小了建设难度和占地空间，减小了维修强度和生产运行工作量，是全面降低选矿生产成本的重要手段。SABC 工艺符合节能环保要求，也为开发其他矿山提供了技术依据。

（三）半自磨-球磨（SAB）工艺

1. 工艺介绍

当矿石性质处于适用自磨和球磨的临界值上，产品粒度要求较细，一段自磨不能满足产品细度的要求，而又不能产生足够数量的“砾石”作为第二段砾磨的介质时，多采用半自磨-球磨工艺。国内近年建设的自磨选矿厂，大部分采用了半自磨-球磨工艺，如铜陵冬瓜山铜矿、昆钢大红山铁矿、内蒙古乌努格土山钼矿、太钢袁家村铁矿等。

与常规碎、磨工艺相比，SAB 工艺的优点有：设备购置费用低；大幅度地缩短了工艺流程，节省了占地面积及厂房土建的投资；杜绝了选矿厂区破碎产生的粉尘等，而且维护量小，材料消耗低，生产环节少，管理方便，生产成本低。特别是矿石性质及矿物的可碎性、可磨性适合时，上述优点更加明显。

2. 应用实例

下面介绍李子金矿的应用情况。

甘肃省天水李子金矿有限公司（简称李子金矿）的金矿石类型为易选石英脉型，选矿厂采用单一浮选工艺。2007 年 8 月建成的 400t/d 选矿车间，采用了半自磨工艺。自磨机直径大，筒体短，矿石凭借自身与钢球介质间的高落差相互冲击、强力磨剥，最终矿石被裂解、粉碎、磨细。李子金矿采用的磨矿生产工艺流程如图 2-7 所示。

半自磨机的给矿粒度为 200~350mm，经一次磨矿后排出的产品粒度可达几毫米以下，因此完全可以简化碎磨流程，还具有选择性碎磨作用。少量钢球的加入可以消除顽石积累，提高磨机能力，减少衬板消耗。一般半自磨机的钢球充填率为 2%~8%，转速率为 70%~80%，破碎比可达 100~150；

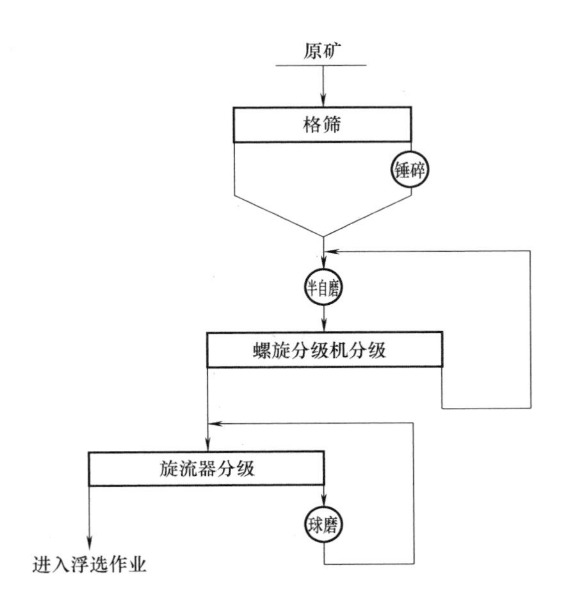

图 2-7　甘肃李子金矿采用的磨矿生产工艺流程

李子金矿半自磨机的钢球充填率为 6%，转速为 17r/min，转速率为 70%~80%，破碎比约为 145。

3. 节能减排总结

1）半自磨湿式磨矿与常规破碎比，分级辅助设备简单，灰尘少，环境好，能耗低，物料输送方便，好管理，易维修。

2）半自磨工艺受处理矿石类型的限制，与常规破碎磨矿工艺相比应用范围有限。但其破碎比大，可显著缩短流程，在节省空间、基建投资、设备购置费、定员维修等诸多方面具有一定的优越性。在生产实践中，要根据矿山的矿石性质及生产条件，解决半自磨工艺应用中出现的问题，使其不断完善，才能显现其优越性。

（四）预先分级工艺

1. 工艺介绍

工业中常用的湿式磨矿分级设备为螺旋分级机，分级效率一般为 40%~60%，水力旋流器分级效率一般为 65%~85%，直线筛分级效率一般为85%~90%不等。由于分级效率的差别，人们已从应用螺旋分级机趋向于应用水力旋流器（国外应用普遍）。采用旋流器分级工艺代替螺旋分级机分级工艺后，分级效果和磨矿能力大幅度提高。同时，旋流器分级可减少过磨问题，减少磨机能耗，选别条件要优于螺旋分级机，有利于提高和稳定选别指标。

预先分级工艺结合选矿实践，具有以下几个鲜明的特点：

1）利用预先分级，溢流和沉砂的有用矿物分布存在显著差异，分别进行选别，有利于提高选别指标和降低选别作业药剂消耗。

2）溢流选别系统中经一次精选的尾矿分支串流进入沉砂再磨再选系统，使有用矿物连生体得到充分解离，有利于提高选别指标。

3）减少中矿循环量，提高生产能力，改善工艺条件，便于操作。

2. 应用实例

下面介绍粗精矿预先分级新技术在德兴铜矿泗州选矿厂的应用情况。

泗州选矿厂是德兴铜矿的主要选矿厂之一，日处理原矿石 3.8 万 t，产品主要有铜精矿、硫精矿。2011 年泗州选矿厂进行了二段浮选柱+28m^{3}浮选机新工艺改造，铜硫分离工艺流程也进行了变更，但是二段再磨分级仍沿用原技术工艺，导致分级效率低、溢流细度达不到工艺标准，二段实际选铜回收率未达到设计值 98%。其工艺流程如图 2-8 所示。

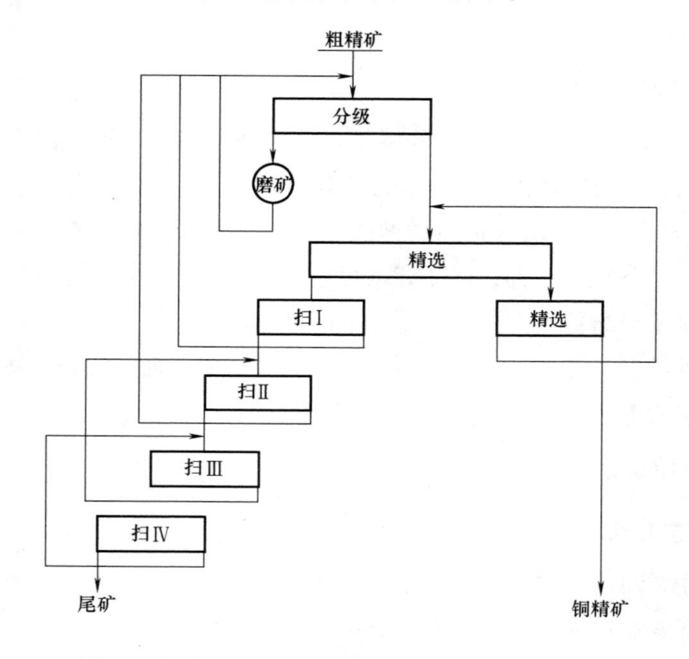

图 2-8　泗州选矿厂二段铜硫分离改造前的工艺流程

2013 年 1 月，该厂二期进行了粗精矿预先分级新技术改造：即粗精矿进入预先分级泵池，通过泵进入两台 ϕ250mm 旋流器分级；扫Ⅰ、扫Ⅱ精矿与球磨机排矿进入检查分级泵池，通过泵进入两台 ϕ350mm 旋流器分级，两者沉砂进入球磨机，两者溢流一起进入二段浮选，新技术工艺流程运行时由原来两台球磨机缩减为 1 台。改造后的工艺流程如图 2-9所示。

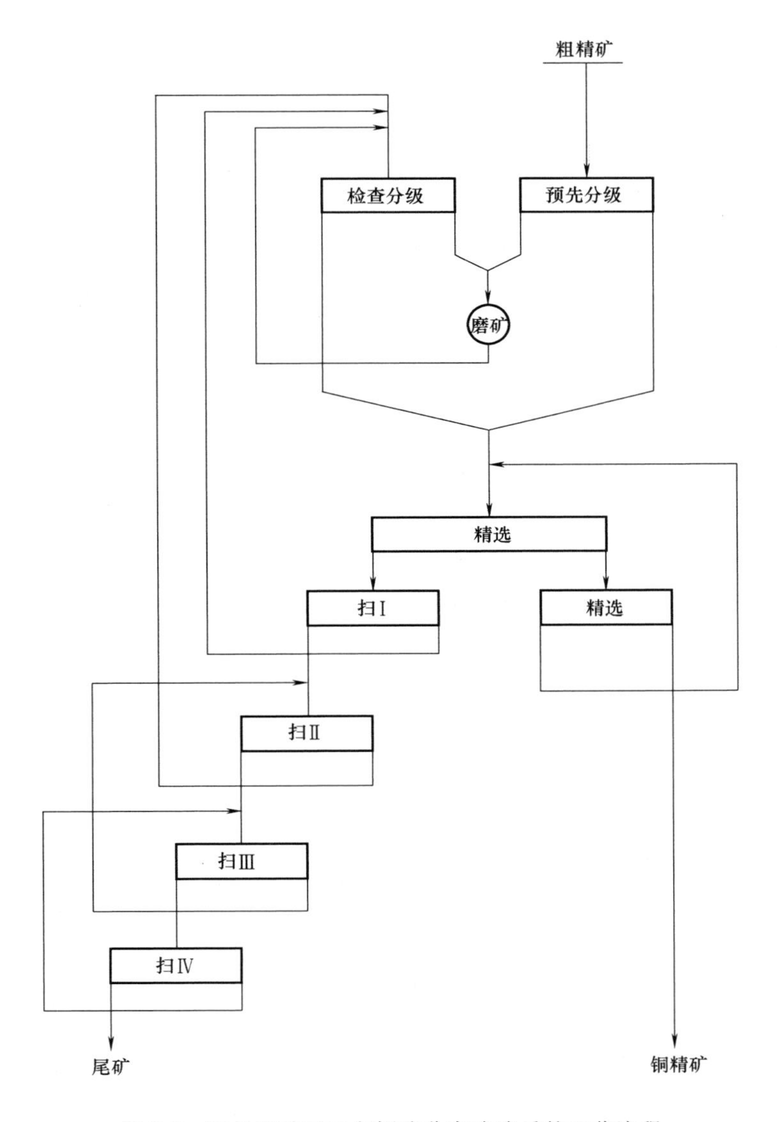

图 2-9　泗州选矿厂二段铜硫分离改造后的工艺流程

2013 年 6 月对改造后的工艺进行了流程考查得到以下结果：

1）排矿的质量分数为 64.8%，合格；预先分级溢流的质量分数为 19.2%，检查分级溢流的质量分数为 17.1%，均合格；预先分级溢流中粒度小于 74μm 的质量分数达 95.7%，检查分级溢流中粒度小于 74μm 的质量分数为 92.3%，均达到 92%的工艺标准。

2）预先分级旋流器分级效率为 48.4%，较高；检查分级旋流器分级效率为 31.5%。

3）预先分级溢流中粒度小于 38μm 的质量分数达 75.1%，提前进入浮选，避免了进入球磨机过磨现象的发生；球磨机排矿中粒度小于 38μm 的质量分数为 21.3%，明显少于原工艺流程的 28.16%。

3. 节能减排总结

该工艺较好地解决了因铜硫分离工艺流程变更致使二段再磨分级给料粒级变化导致的分级效率低、溢流细度达不到工艺标准的问题。粗精矿中的细粒级被提前分离出来，减少了球磨机的循环负荷，少运行一台球磨，降低了成本，避免了过磨现象，提高了溢流中粒度小于 74μm 的含量，使二段铜回收率提高 0.2%。

1）粗精矿预先分级新技术可有效提高分级效率，提高溢流中粒度小于 74μm 的含量，并且避免了过磨现象。

2）该技术有效地解决了生产实践中因矿量大、粒度组成发生较大变化，使用同一分级设备产生的溢流跑粗、沉砂跑细的问题。

3）该技术由于将粗精矿中的细粒级提前分离出来，减少了球磨机的循环负荷，从而只需要一台球磨机就可以满足要求（原技术需两台球磨机），这样降低了电耗和钢球单耗。

（五）技术改造的磨矿工艺

通过磨矿工艺技术改造，实现节能降耗的目的，是老矿山节能减排的有效途径。

1. 工艺改造简述

磨矿工艺改造是要使改造后的磨矿工艺流程合理，工艺先进，优化配置，节能降耗，易于操作，方便维修和管理，改善工作环境。

2. 应用实例

五龙金矿选矿厂是具有几十年历史的老厂，原生产能力为 700 t/d，磨

矿工艺经过多次改扩建以后，设备配置很不合理，尤其是能耗过高，在矿石品位越来越低的情况下，成本问题越来越突出。因此，进行磨矿改造十分必要。

五龙金矿选矿厂原来的磨矿工艺流程是两种，一系列是两段闭路加一段检查分级的流程，二、三两个系列是两段闭路多了一次分级浓缩作业。全工艺由三个系列六台球磨机完成，如图 2-10 所示。工艺流程中的设备情况见表 2-23。改造后的流程本着简单方便的原则，改为标准两段闭路磨矿工艺流程，如图 2-11 所示。改造后的设备情况见表 2-24。

表 2-23 五龙金矿选矿厂磨矿工艺改造前的设备情况

序号	设备名称规格	单位	数量	功率/kW
1	球磨机 MQG2700×2100	台	2	310×2
2	球磨机 MQG2100×3000	台	1	200
3	分级机 2FG-15	台	2	13×4
4	分级机 FG-15	台	1	13
5	分级机 FC-12	台	2	11×2
6	球磨机 MQY2100×3000	台	1	200
7	球磨机 MQY1500×3000	台	1	110
8	球磨机 MQY1500×3600	台	1	110
9	旋流器 FX-350	台	4	
10	旋流器 FX-250	台	4	
11	沙泵 4PNJ	台	6	30×6
	合计			1423

表 2-24 五龙金矿选矿厂磨矿工艺改造后的设备情况

序号	设备名称规格	单位	数量	作业	备注
1	球磨机 MQG2700×3600	台	1	一段磨矿	
2	分级机 2FG-2000	台	1	一段分级	
3	球磨机 MQY2100×3000	台	2	二段磨矿	
4	水力旋流器组 FX-350	组	4	二段分级	每组 2 台
5	沙泵 4PNJ	台	4	二段分级	

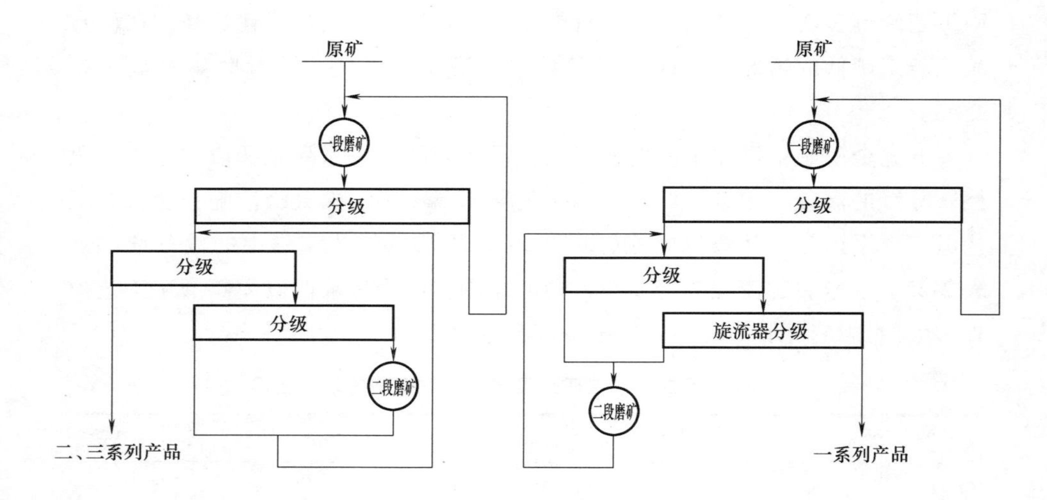

图 2-10　五龙金矿选矿厂改造前的磨矿工艺流程

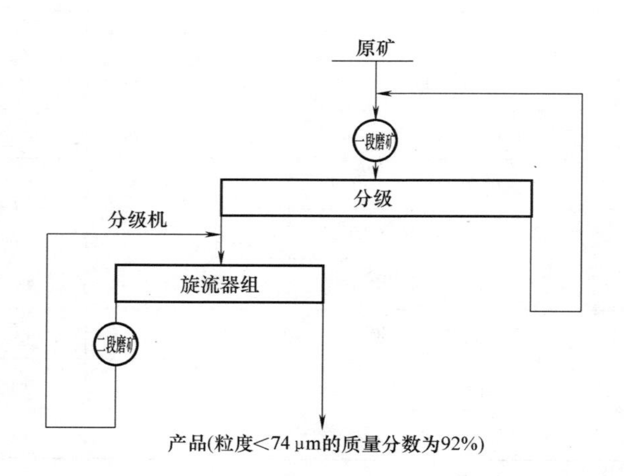

图 2-11　五龙金矿选矿厂改造后的磨矿工艺流程

磨矿工艺技术改造后，实现了工艺流程的简单化，在技术经济各方面都有很大进步。改造后，主要设备由 17 台减少到 8 台，安装使用功率由原来的 1423kW 下降为 907kW。而降低衬板消耗费方面，由于二段磨矿球磨机由磁性衬板代替锰钢衬板，年节省衬板费用将近 20 万元。

技术改造后的主要设备实现了高效化。改造前后的经济分析情况见表 2-25。

表 2-25 五龙金矿选矿厂磨矿工艺改造前后的经济分析

序号	项　目	改造前	改造后
1	设备数量/台	19	9
2	安装功率/kW	1423	907
3	设备总容积/m^3	48.4	35.7
4	生产工人/名	24	18
5	年电费、人工费/万元	403.61	285.65
6	拆除费/万元		5.6
7	设备及构件投资/万元		121.6
8	投资回收期/a		1.08

3. 节能减排总结

技术改造的实施，也为现场管理创造了一个良好的环境，由于设备的减少，车间内的噪声、粉尘等环保指标将大幅度下降。同时，设备减少以后，车间内的检修空间相对增加，为设备的维护保养创造了有利条件，而设备的减少，本身就减轻了运转操作及机械维修的劳动强度和工作量，产生了良好的社会效益。

（六）低品位钒钛磁铁矿预抛尾工艺

低品位钒钛磁铁矿预抛尾工艺是《矿产资源节约与综合利用先进适用技术汇编（第一批）》中一项金属矿山综合利用技术，适用于低品位钒钛磁铁矿的综合利用。

1. 工艺介绍

技术的典型工艺流程如下：

原矿→粗碎→中碎→细碎→磁滑轮干式抛尾→高压辊磨→磁选机湿式抛尾
磁滑轮干式抛尾↓尾矿制砂
磁选机湿式抛尾↓尾矿制砂　↓回收矿石

该预抛尾工艺是采用三段一闭路结合高压辊磨闭路破碎工艺流程原理。低品位钒钛磁铁矿石给入高压辊磨之前（粒度小于20mm）进行磁滑轮预先抛尾。抛尾后精矿进入高压辊磨闭路湿式筛分，筛下物进行湿式磁选，回收精矿石为入选矿石进入选矿磨矿流程。抛弃尾矿经破碎分级作为建筑石料，最大限度降低了废渣排放，实现了低品位钒钛磁铁矿的综合回收利用。

2. 应用实例

2008 年重钢西昌矿业公司自主进行低品位钒钛磁铁矿回收工艺技术研究，获得了一种成功的预抛尾选别工艺，并于 2009 年底投资 1200 万元建设了一条年处理 100 万 t 的低品位表外矿预抛尾生产线。该生产线运行两年多来已回收合格精矿即入选矿石近 70 万 t，使该公司矿石回采率与损失率提高 2%，回采率达到 96%，损失率降至 5%以下。

（七）铁矿山排岩系统中高效回收磁铁矿工艺

铁矿山排岩系统中高效回收磁铁矿工艺是《矿产资源节约与综合利用先进适用技术汇编（第一批）》中的一项金属矿山综合利用技术，可用于从大中型铁矿山排岩中回收利用磁铁矿石资源，适用于大中型磁铁矿山的挖潜改造、矿石资源的回收利用领域。

1. 工艺介绍

（1）基本原理　采用干式磁选工艺在线回收大型矿山排岩系统排弃的磁选矿石资源，对回收的矿石采用阶段磨矿、粗粒抛尾、单一磁选—细筛再磨的工艺选别，从而得到高品质铁精矿，解决了流失到排岩中的贫磁铁矿石回收及再利用的重大生产难题。

（2）工艺特点

1）首次将 CT1424 永磁大块矿石干式磁选机应用于矿山排岩生产系统。

2）采用资源在线回收、岩石干选、贫铁矿石提铁降硅等关键技术，实现从排岩中在线回收矿石资源。

3）回收的贫磁铁矿石采用阶段磨矿、粗粒抛尾、磁选—细筛再磨流程进行细磨深选，从而得到高品位铁精矿产品，实现了资源的高效回收和利用。

2. 应用实例

（1）在大孤山铁矿的应用

1）大孤山铁矿排岩系统矿石资源回收工艺流程。对原传送带排岩生产系统进行工程改造，外移一部带式输送机，增设两部带式输送机、一台磁选机及附属设施；对原有的破碎站进行自动化改造，实现自动化无人操作。

2）大孤山选矿分厂工艺流程。采用三段一闭路破碎、阶段磨矿、粗粒

抛尾、单一磁选—细筛再磨流程的工艺流程。

大孤山选矿总投资 8550 万元，其中选矿分厂改造工程投资 8000 万元，排岩系统矿石资源回收技术改造工程投资 550 万元，在线岩石处理量为 1300 万 t/a，选矿工艺原矿处理量为 130 万 t/a。建设期 10 个月，自 2006 年 9 月至 2008 年 12 月大孤山传送带排岩系统矿石资源回收工程累计运行 28 个月，排岩 2303.588 万 t，从中回收矿石 166.816 万 t，每吨污染物削减量或回收（再生）产品量 0.0724t，盘活资源储量 166.816 万 t，创造经济效益 2.17 亿元。

（2）在齐大山选矿厂的应用　齐大山选矿厂投资 1200 万元，对原皮带排岩生产系统进行工程改造，外移一部带式输送机，增设两部带式输送机、一台磁选机及附属设施；对原有的破碎站进行自动化改造，设计在线岩石处理量 6000t/h，预计年回收品位 24%左右的矿石约 100 万 t。建设期 6 个月，投资回收期 6 个月。

（3）工艺减排特点总结　自 2006 年 9 月至 2008 年 12 月在工业上应用，累计回收矿石 1668160t，产出品位 67.26%以上的铁精矿 476315t，年均从 8355 万 t 低品位围岩中在线回收品位 25%左右的铁矿石 714925t，并经选别得到铁含量（质量分数）在 67.26%以上的优质铁精矿 204135t，有效提高了资源利用率。

二、应用自动化技术的流程

（一）自动化集中控制的破碎工艺

1. 工艺介绍

破碎筛分自动控制工艺通过碎矿工艺过程中各主要输送带、设备间的集中控制、逻辑控制与逻辑连锁，实现设备的逆序启动、顺序停车，并可现场人工启停车，主要分为安全控制、过程自动控制。

（1）破碎筛分过程安全控制

1）矿仓料位检测、显示及报警：对中碎矿仓、细碎矿仓、粉矿仓的料位进行检测，检测信号送至控制室 PLC 系统集中显示。当料位达上限或下限时，系统在中央控制室及时报警。

2）破碎机工作状态监控：颚式破碎机、圆锥破碎机设备的保护由其自身自带的 PLC 控制系统完成。颚式破碎机设备参数信号可以经过硬接线方

式进入中央DCS控制系统，圆锥破碎机设备参数信号可以经过网络通信方式进入中央DCS控制系统（破碎机设备自带通信接口及配套软件）。DCS系统根据接收的数据情况，综合判断，在中央控制室及时报警，可以远程实现对设备状态的显示和控制。

3）金属检测与除铁：在运矿传送带上安装金属探测仪与除铁器，当探测到传送带上有金属块时可以实现报警和连锁停传送带，预防破碎给矿中的金属物对破碎腔的损坏。

4）带式输送机工作状态检测：通过对破碎工艺过程中带式输送机跑偏、电动机与常状态监测，实现传送带状态的保护报警等功能。

5）设备电动机的过流监视：各个带式输送机、中细碎带式给料机、中细碎圆锥破碎机、圆振筛、筛分除尘器、中细碎除尘器电动机电流检测。对设备电动机的过流，将做相关处理和发出报警，防止电动机因过电流而烧坏。

（2）破碎筛分过程自动控制　破碎生产的过程控制主要实现中碎机、细碎机、筛分机效率分析、控制，以及关键矿量检测与计量。

1）粗碎机的给矿控制。PID调节指令来自带式输送机电子秤、圆振动筛负荷（电流值）、中碎矿仓料位、细碎矿仓料位平衡，以上4个参数均没达到上限，则应自动跟踪以上4个参数，变频增加给料，反之有一项超过上限则应减料。

2）矿量检测与控制。破碎腔内料位检测信号控制给料机变频PID调节，以防矿石溢出和空转或给矿不足。破碎机工作量负荷信号（破碎机自带接口及配套软件，通过通信读取信号）上传，控制给料机变频PID调节，实现负荷最佳高效。

3）对传送带的矿量进行检测与计量，信号送至控制室PLC系统集中显示。

4）各设备逻辑联锁与逻辑控制。

5）主要设备保护与报警控制。

2. 应用实例

下面介绍马钢桃冲矿业公司破碎工艺的综合改造实践。

马钢桃冲矿业公司的选矿厂设计生产能力为年处理原矿50多万t，破碎设备全部采用国内传统设备。破碎系统存在运行时间长、人员配置多、运行成本偏高、破碎产品粒度粗等问题，已远远不能满足发展的需要。为此，经

过多方论证，决定引进美卓公司的诺德伯格 C110 颚式破碎机、GP100 破碎机，并对自动化控制系统进行改造。

原破碎工艺是经过几次扩建而建成的，设备全部采用传统破碎设备，主要存在如下问题：

1）运行时间长，人员配置多，管理成本高，严重制约经济效益的提高。

2）粗碎和细碎圆锥破碎机设备处理能力低，破碎产品粒度较粗不能满足下一作业需要，粗碎台时处理量为 220t/h，细碎最终破碎粒度小于 16mm。

3）设备日常维护工作量偏大，主要是圆锥破碎机，故障多，维修工作量大，维修时需要人员多。

在控制系统改造完成后，该矿采用自动化集中控制替代传统人工操作，实现控制室集中操作，实时监控整个流程的运行状态、重要参数数据的采集、上位机画面参数的设置、设备启停延时时间设置及故障、检修事件报警等。经过一段时间的运行，整个系统运行平稳可靠、无故障，在控制室内即可监控各设备的运行状态，大大降低了操作人员的劳动强度。系统改造后，还能够实时控制各设备的运行时间，每次开停车设备空转时间减少为 4~5min，节省电力消耗。破碎系统人员由 69 人减少 40 人，也节约人工成本。

3. 节能减排总结

马钢桃冲矿业公司针对原破碎系统存在的设备落后，生产率低，成本高，破碎产品粒度粗等一系列问题，通过引进新设备、实现系统的自动化集中控制、优化工艺参数等措施，以多碎少磨、减员增效为准则进行了综合改造，改造后流程运行平稳可靠，实现了节能降耗且经济效益显著。

（二）采用自动化技术的磨矿分级工艺

在选矿工艺中，磨矿分级作业是一个必不可少的重要工艺环节，其工作状态的好坏对选矿工艺指标、能源消耗以及生产成本的影响至关重要，直接关系到选矿生产的处理能力、磨矿产品的质量，对后续作业的指标乃至整个选矿厂的经济技术指标有很大的影响。工业实践的结果表明，实现磨矿过程自动控制是选矿厂实现稳定生产过程、节能降耗、提高产品质量的有效途径

之一。

1. 工艺介绍

磨矿分级自动化控制系统通过对磨机的物理参数以及给矿矿浆的物料参数等的综合分析判断，运用先进的控制方式，实现对磨机给矿、磨矿浓度、分级溢流浓度和粒度的优化控制，最终使磨矿分级作业始终在最优的状态下运行，能够显著提高磨矿和分级效率，使有用矿物与脉石达到充分单体解离，从而保证溢流产品质量，使选矿厂获得更高的经济效益。

磨矿分级作业是一个复杂的作业过程，参数的耦合性很强，仅靠单输入、单输出的 PID 控制回路难以实现很好的控制效果，必须由一模糊控制器进行协调，以确保各控制回路的协调工作，实现控制系统的智能化控制。根据控制系统回路的特点，采用不同的控制策略。简单的回路采用智能 PID 控制，复杂的回路采用串级控制、模糊控制等。各智能 PID 控制回路的给定值由一个模糊控制器根据系统运行情况自动计算。当矿石硬度、粒度、磨机介质、负荷量等发生变化时，球磨机的最佳处理量将发生变化，这时磨矿分级作业的控制参数必须及时做出相应的调整。

典型带测控点的磨矿分级自动化工艺流程如图 2-12 所示。

2. 应用实例

下面介绍湖北三鑫金铜股份有限公司选矿厂的磨矿自动化改造与应用。

湖北三鑫金铜股份有限公司是中国黄金集团公司的骨干企业，位于我国矿产资源丰富的鄂东南地区，是一个集地下开采、选矿加工的矿山企业，拥有鸡冠嘴和桃花嘴两大矿床，同为高-中温汽化热液矽卡岩型铜金多金属共生矿床，富含铜、金、银、铁、硫等多种有价元素，主要产品为金铜精矿、硫精矿和铁精矿。

矿山经过一期、二期、三期基本建设和改扩建设，至 2007 年底矿山采选矿生产能力达 2200 t/d。为了充分利用低品位矿石资源，增强企业的可持续发展能力，2009 年 9 月再次进行采选扩产技术改造，采用新设备、新技术、新工艺，力求设备大型化和过程自动化，减少生产系列，改善作业环境，再实施科学管理，以实现节能减排和降本增效。2009 年底扩建后选矿生产能力为 3000t/d，形成了年选矿处理矿石量约 100 万 t 的规模。

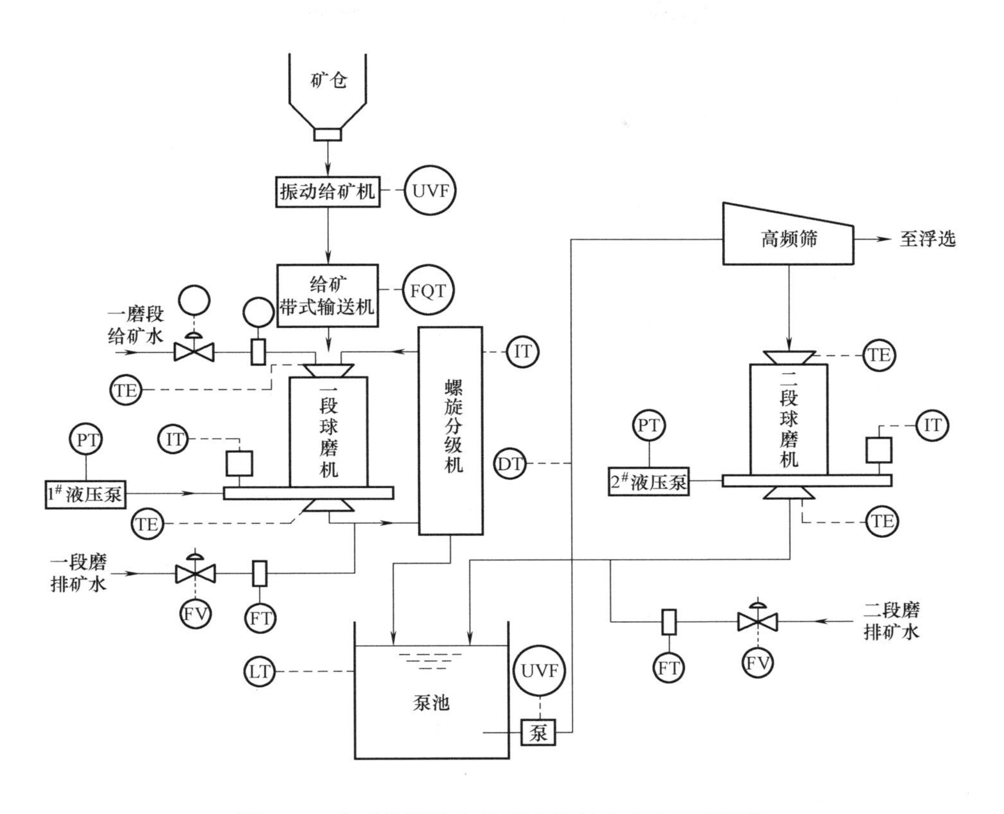

图 2-12　典型带测控点的磨矿分级自动化工艺流程

磨浮采用了高效、先进的大型磨矿、浮选设备，优化了配置，有利于进行自动化控制。一段磨矿采用 ϕ4270mm×6100mm 溢流球磨机和 ϕ610mm×5 预沉降旋流器组构成闭路，球磨机排矿经圆筒隔渣筛后，粗颗粒矿石通过带式输送机自行返回球磨。混精再磨利用原来的 ϕ2700mm×4000mm 格子球磨机，改造成溢流球磨机，与 ϕ250mm×5 小锥角旋流器组构成闭路。

磨矿分级作业的自动控制主要包括以下几个方面：

（1）给矿控制　球磨控制的最重要目的是使磨矿产品粒度符合工艺要求，确保磨机具有合适的装载量，防止磨机产生过负荷、过粉碎现象，提高磨机的磨矿效率。球磨机矿量优化控制系统分析磨机声音、磨机电流，控制球磨系统的给矿量在磨机最佳处理能力水平上。通过核子秤实时检测磨机给矿传送带上的矿量，变频调节给矿机的速度，来调节

矿量到需要的值。

（2）磨矿浓度控制　综合磨机声音、磨机电流、溢流粒度，调节给矿水量，控制磨机内的磨矿浓度，使磨矿效率达到最佳。采用音频与电流双因素实现“胀肚”保护。

（3）泵池液位、旋流器给矿浓度控制　通过液位计检测泵池液位、流量计检测补加水流量、浓度计检测给矿浓度、电动阀调节补加水流量，控制泵池液位在设定的范围内，同时在保证泵池不被抽空及溢出的情况下调节旋流器的给矿浓度，使旋流器的溢流粒度在合格的范围内。

（4）旋流器给矿压力、溢流浓度控制　通过压力计检测给矿压力、浓度计检测溢流浓度来间接反应溢流粒度、调节给矿泵的转速来调节给矿压力，控制给矿压力在一定的范围内。结合给矿浓度把溢流粒度控制在合格的范围内。

选矿厂碎磨自动化改造后，同人工操作相比，自控系统的磨矿台时提高了5%以上，分级溢流产品的粒度合格率提高了5%，磨矿单耗降低了2%，达到了预期的目标，并为选别作业创造了条件。

3. 节能减排总结

湖北三鑫金铜股份有限公司选矿厂的磨矿分级自动化改造做到了磨矿作业的均衡给矿，提高了磨矿效率，改善了分级溢流的粒度组成，降低了难选粗粒级别矿石的比例，确保了生产过程的稳定，也减轻了工人的劳动强度，对提高选矿技术指标和经济效益起到了至关重要的作用。

参考文献

[1]　张强. 选矿概论［M］. 北京：冶金工业出版社，2006.

[2]　刘全军，姜美光. 碎矿与磨矿技术发展及现状［J］. 云南冶金，2012，41（5）：21-28.

[3]　张蕊. 美卓破碎机在丰源钼业的使用情况实录［J］. 矿业装备，2012（9）：122-123.

[4]　陈伟，饶绮麟. PEWA90120新型外动颚低矮破碎机及其应用［J］. 矿冶，2003，12（1）：1-4.

[5]　张振权，饶绮麟，陈伟. PEWA90120外动颚低矮破碎机及其在井下破碎系统中的应用［J］. 国外金属矿选矿，2005（8）：15-17.

[6] 郎世平. 国内圆锥破碎机的现状与发展创新 [J]. 矿山机械，2011 (6)：80-84.

[7] 计志雄. CH895、CH880 圆锥破碎机在白马选矿厂的应用 [J]. 四川冶金，2014 (2)：65-68.

[8] 刘丽华. HP 圆锥破碎机在选矿厂改造中的应用 [J]. 有色冶金设计与研究，2009，30 (3)：10-12.

[9] 张学仁. HP 型圆锥破碎机的设计及生产实践 [J]. 黄金科学技术，2006，14 (1)：40-44.

[10] 吴扣荣，王军宏. 泗州选矿厂 HP800 圆锥破碎机应用实践 [J]. 铜业工程，2011 (6)：69-71.

[11] 夏晓鸥，唐威，刘方明. 惯性圆锥破碎机在有色金属行业的应用研究//中国有色金属学会第八届学术年会论文集 [C]. 长沙：中南大学出版社，2010.

[12] 及亚娜，刘威，仵晓丹，等. 高压辊磨机在金属矿山的应用 [J]. 有色金属工程，2013 (1)：58-62.

[13] 赵昱东. 高压辊磨机在国内外金属矿山的应用现状和发展前景 [J]. 矿山机械，2011 (9)：65-68.

[14] 黄涛，杨鑫，于运波，等. 抚顺罕王傲牛铁矿直线振动筛改造 [J]. 矿业装备，2014 (7)：84.

[15] 张宏柯，李传曾. MVS 型电磁振动高频振网筛及其工业实践：下 [J]. 金属矿山，2004 (3)：25-29.

[16] 《中国选矿设备手册》编委会. 中国选矿设备手册 [M]. 北京：科学出版社，2006.

[17] 李孝泽，林乐谊. 粉矿湿式预选在金岭铁矿选矿厂的应用 [J]. 山东冶金，2004，26 (2)：7-8.

[18] 赵瑞敏，刘惠中，董恩海. BKY 型预选磁选机与 BL1500 螺旋溜槽应用于某铁矿的可行性研究 [J]. 有色金属（选矿部分），2009 (5)：38-41.

[19] 王春红，姬建钢，张晓，等. ϕ7. 9m×13. 6m 双驱溢流型球磨机 [J]. 矿山机械，2013 (7)：71-76.

[20] 卢世杰，孙小旭. 大型立式螺旋搅拌磨机应用现状 [J]. 铜业工程，2014 (2)：38-42.

[21] 杨和平，腊桂平. 球磨机滚动轴承节能技术在大石河铁矿的应用 [J]. 金属矿山，2003 (4)：58，60.

[22] 宋伍林. 南山铁矿选矿厂球磨机支撑系统的改造 [J]. 矿业快报，2008 (11)：109-110.

[23] 罗春梅，肖庆飞，段希祥，等. 球磨机功能转变与节能途径分析 [J]. 矿山机械，

2011 (1): 81-84.

[24] 万选志，刘定德，曾盘生. CADI 磨球在天鸥矿业公司选矿厂的应用 [J]. 矿业研究与开发，2014 (4): 60-63.

[25] 孙传尧. 当代世界的矿物加工技术与装备-第十届选矿年评 [M]. 北京：科学出版社，2006.

[26] 赵昱东. 磨矿机筒体衬板的开发与应用 [J]. 有色设备，2002 (5): 5-8.

[27] 王乃贤. 橡胶衬板在球磨机上的应用 [J]. 中国有色金属，2008 (4): 70-71.

[28] 王勇. 金属磁性衬板在金山店铁矿的应用实践 [J]. 现代矿业，2013 (9): 149-150, 186.

[29] 张志明，李正辉，袁光泉. KMLF-80/55 型斜窄流分级浓缩箱在锡矿山的应用 [J]. 矿冶，2007 (3): 23-25.

[30] 张振平，高永生，郭忠田，等. 大直径旋流器在三山岛金矿磨矿分级中的应用 [J]. 现代矿业，2009 (11): 110-111.

[31] 段新红，汤兴光，周宏波. 预先筛分在选厂碎矿过程中的作用 [J]. 现代矿业，2010 (3): 47-49.

[32] 任壮林，高军雷. 磨矿预先筛分工艺的工业实践 [J]. 中国矿业，2014 (8): 133-135.

[33] 杨世亮，杨保东，李隆德，等. SABC 工艺在国内生产实践中的探索 [J]. 黄金，2013 (3): 53-57.

[34] 胡岳华. 矿物资源加工技术与设备 [M]. 北京：科学出版社，2011.

[35] 艾满乾，李电辉，付文姜. 半自磨工艺应用实践 [J]. 黄金，2012 (8): 43-45.

[36] 姚凯. 选矿厂磨矿分级优化组合研究与应用 [J]. 内蒙古石油化工，2011 (21): 11-12.

[37] 黄银吉，洪玉昆，何庆浪，等. 粗精矿预先分级产品分别处理的新工艺探讨 [J]. 铜业工程，2001 (1): 63-67.

[38] 熊新海，罗仙平. 粗精矿预先分级新技术在泗州选矿厂的应用 [J]. 铜业工程，2014 (6): 70-73.

[39] 刘立新，陈广华，周闯. 五龙金矿选矿厂磨矿工艺改造实践 [J]. 有色矿冶，2004, 20 (6): 15-16.

[40] 任建国. 概述选矿全流程自动化控制信息处理系统结构及现场运用 [J]. 新疆有色金属，2014 (2): 85-88.

[41] 黎金山，杨飞，王文胜. 马钢桃冲矿破碎工艺综合改造实践 [J]. 现代矿业，2012 (9): 114-115.

[42] 孙云东，杨金艳. 国内选矿自动化技术应用及进展 [J]. 黄金，2010 (4):

35-38.

[43] 金慧，高兰，黄宋魏. 自动化控制技术在磨矿分级中的应用 [J]. 黄金，2010 (4)：35-38.

第三章 选别作业的节能减排技术

第一节 概　　述

选别作业是将已经单体解离的矿石，采用适当的手段，使有用矿物和脉石分离的工序。选矿企业常见的选别作业工序有浮选工序、磁选工序和重选工序等。

选矿科技工作者认识到，传统的选矿技术不能有效地解决贫细矿物资源的分离问题，而且更急待解决的问题是如何改进资源的综合利用技术。为了从贫细矿物资源中有效地分离、富集矿物，充分合理地利用资源，并解决环境问题，就需要综合利用多学科的知识与新成就，学习新的学科理论，开发新的科学技术，以实现矿物资源的综合利用，包括分离、富集贫细矿物资源的新技术、工艺和设备，矿物的提纯与精加工，环境的综合治理，矿物新用途的开发等。

持续增长的全球经济对矿物原料质量与数量的要求都不断提高。伴随矿产资源日趋贫乏，黑色金属、有色金属及贵金属选矿厂的规模不断扩大，企业节能减排压力也与日俱增，这对选别作业工艺和设备提出了更高的要求。选别作业设备和工艺在不断创新，应用领域也在不断拓展。

1. 重选

重选有着悠久的历史，在处理金属和某些非金属矿的选矿中，其仍是不可替代的重要选矿方法。绿色矿山建设与矿山生态环境保护，最大限度地降低环境损害，必须通过采用先进的设备或工艺来实现。采用先进的重选设备或工艺对目前的节能减排将会起到非常重要作用。

重选法具有生产成本低、能耗少、精矿易于脱水、不污染环境等优点，

现在重选设备不仅大量应用于有色金属矿选矿，且黑色金属矿选矿的部分作业或全流程也在逐步采用重选设备。

随着磁选和浮选等选矿技术的发展和应用，重选的重要性有所降低。近些年来，随着矿山规模的不断扩大，贫、细、杂等难选矿的增多，重选设备主要在设备的大型化、适应性、多力场等方面有所发展。利用重选法进行矿石预选、在磨矿回路中回收单体重矿物，以及在磁选或浮选流程中纳入重选设备，以提早回收粗粒有用矿物或抛弃最终尾矿将是一种必然发展趋势。新的重选设备正向着大型化、多层化和多力场的应用方向发展。我国钨、锡矿石的重选技术已在世界处于领先地位，并在新技术、新设备研究方面也取得不少重大成就。

2. 磁选

总的来说，磁选设备是围绕着提高分选精度、扩大应用领域、提升处理能力和节省能源消耗而发展的。超大型、重载荷、高场强永磁磁滚筒用于大型铁矿山采矿场矿石预选和排岩系统回收废石中的磁铁矿，提高了资源利用水平。新型粗颗粒筒式预选设备的研制，结合碎磨新工艺，在一段磨矿之前抛出大量合格尾矿，实现“多碎少磨”，节能降耗，促进了低品位铁矿资源的经济开发利用。磁重复合力场磁选机向大型化和自动化方向发展又取得新的成就，处理能力大大提高。多辊强磁感应辊式磁选机增大了处理能力，拓展了应用领域。立环高梯度磁选机在励磁线圈结构、冷却方式等方面的研究有了新进展。

多年来，随着磁铁矿和赤铁矿选矿工艺不断发展和进步，涌现了一些特色鲜明的节能减排工艺。从 20 世纪 60—70 年代磁选设备的永磁化到 20 世纪 80 年代细筛工艺的应用，使磁铁矿选矿生产指标有了较大的改善。全磁选流程新工艺消除了磁性夹杂和非磁性夹杂干扰，适应了入选的磁铁矿粒度逐渐细化的情况。大量的选矿实践表明，根据我国矿石性质的特点，工业上用湿式强磁选处理细粒贫赤铁矿矿石不能得到精矿。尤其是在要求高品位精矿的情况下，要得到精矿更加困难。因此，强磁选处理赤铁矿矿石还不能成为一个独立的工艺，而是与重选、浮选等方法组成联合流程来分选赤铁矿矿石，这是赤铁矿强磁选的特征之一。另外，若在赤铁矿矿石中含有一部分磁铁矿，则应在强磁选前加一道弱磁选作业，先把原矿石中的强磁性磁铁矿除去，可避免磁铁矿在强

磁作业中发生堵塞现象，给强磁选作业带来困难，这是强磁选的又一特征。

3. 浮选

随着矿产资源的开发及社会经济发展的需要，浮选设备的发展面临新的挑战和机遇。在有色金属、黑色金属、稀有贵金属、非金属和其他有用矿物的处理量不断增加以及加大二次资源回收的条件下，浮选设备将向大型化、高效节能、低操作成本、跨界应用、低环境污染和更安全的方向发展，以促进资源的综合利用、高效回收。

（1）浮选设备的大型化　随着选矿厂日处理量的增大，单槽容积大于 $100m^3$ 的浮选设备已经大量投入工业应用，目前世界上最大规格的浮选机容积达 $320m^3$。大型浮选机在提高生产指标、减少占地面积、降低单位功耗、节约人力成本等方面有比较明显的优势。

（2）自动化控制要求越来越高　大型浮选机容积大，矿浆波动周期长，液面控制和充气量要求更加精确，设备可靠性要求更高，对浮选作业的过程控制和设备控制提出了更高的要求。浮选是一个连续、稳定的过程，要尽量避免前一作业对后一作业的影响，保证控制的协同相关性。加强浮选作业的可视化检测，及时提供有效数据来指导和修正操作参数。

（3）浮选设备的节能降耗　全球都在提倡节能减排，浮选设备作为矿山企业主要设备，将在节能降耗方面起到重要作用。在叶轮定子及槽体结构方面进行优化设计，提高浮选的效率，并且降低浮选机的单位能耗和减少浮选机部件的磨损；在设备选型方面，根据实际的矿石性质和数质量流程进行选型计算，确保选择合适型号和规格的浮选机，保证单位容积能耗最低。

（4）浮选设备的多样化　根据矿石性质的差异，选择不同型号的浮选机，如闪速浮选机、粗颗粒浮选机、细颗粒浮选机、专用浮选机等；根据作业的差异，可以选择更适合粗扫选和精选作业的浮选设备，大大增强浮选机对不同可浮性矿物浮选的适应性。

典型浮选节能减排工艺，一方面借助于新型浮选设备的开发与应用，另一方面联合其他选矿方法，如实现重选和浮选的联合、磁选和浮选的联合工艺，离心浮选工艺等。

第二节　选别作业的节能减排设备

一、磁选工序的节能减排设备

（一）CTB-1245 型超大型筒式磁选机

1. 节能减排特点

1）采用了新型阶梯式磁极结构，磁系质量是传统设计磁系质量的 40% 左右，这对于减少主轴变形对设备精度和磁场分布的影响，提高设备可靠性具有重要意义。

在分选区采用全稀土磁钢结构，由于稀土磁钢磁能是普通铁氧体磁性材料的 10 多倍，在满足磁场强度和作用深度的同时，磁极的体积和质量可大幅下降。在输送区，为了满足磁场强度要求，采用稀土磁钢与铁氧体复合磁系设计；在卸矿区，由于磁场强度不可以过高，否则不易卸矿，应采用全铁氧体磁系设计。

2）该机采用高矿浆液面槽体结构。矿浆液面由常规的 150 mm 提高到 250 mm，即筒体浸入槽体中的深度增加，延长了设备分选带长度，有利于粗粒、细粒铁矿的回收。同时，由于分选带变长，夹杂的脉石更容易从粗精矿中脱出，进而提高精矿品位。

3）采用二次布矿原理，设计了一种独特的给料装置。在给矿箱内增加了 1 根直径为 ϕ273mm、长度为 4100mm 的给矿管，给矿管上加工一个出矿缝隙，由于给矿管有一定矿浆压力，而出矿缝隙较小，使给矿管内总是充满矿浆，在给矿管 4m 长的范围内都有矿浆排出。矿浆流到给矿箱内，缓冲后经过溢流板，均匀地流入磁选机槽体，解决了给矿难题。

4）用通轴结构代替传统的半轴传动方式，解决了大筒径、远支点、重载荷和大处理量条件下筒体支撑和传动机构的稳定性问题。

2. 应用实例

为考查 CTB-1245 型大型永磁磁选机的机械性能及技术性能，于 2007 年 1 月在四川凉山矿业股份有限公司拉拉铜矿 3500t/d 的选矿厂进行了工业试验。

铁矿物从铜、钼、钴浮选之后的尾矿中予以回收，其工艺流程为1次粗选、2次精选、1次扫选、4次磁选。由于原车间生产现场的粗选尾矿铁品位较高，产率较低，部分带磁性的铁金属没有充分回收，并且新增500t/d的处理量，原来2台CTB-1224型的粗选机的处理能力偏小，因此对选矿工艺流程进行了改造，用1台CTB-1245型磁选机代替原来2台CTB-1224型磁选机。改造后，对设备结构合理性、选铁工艺的适应性及选别效果进行了全面考核，指标对比见表3-1。

表3-1　拉拉铜矿磁选机单机作业生产考查指标对比　　(%)

设备名称	产品名称	品位	产率	回收率
1台CTB-1245型	铁精矿	41.40	11.84	38.98
	尾矿	8.70	88.17	61.02
	原矿	12.57	100.00	100.00
2台CTB-1224型	铁精矿	37.90	9.87	31.55
	尾矿	9.00	90.13	68.45
	原矿	11.85	100.00	100.00

3. 节能减排总结

1）使用新型高效的大型或超大型矿山开采和分选装备来提高生产效益，是降低生产成本、提高经济效益的最有效、最直接的途径。在我国，多座处理能力在400~1000万t/a的大型铁矿山或多金属矿山已经建成，甚至还建成了年生产铁精矿达到2400万t的超大型铁矿选矿厂。新建选矿厂普遍要求流程设备配置简单、实用，设备大型高效、自动化程度高。

2）CTB-1245大型永磁磁选机在选矿厂连续运转超过10000h，设备机械性能良好，运转平稳可靠，操作简便，维修量小。在给矿量满负荷运行时与原设备相比，作业精矿品位提高3.493%，回收率提高7.43%，大型高效磁选机的应用为选矿厂实现节能减排增效开辟了一条新路。

（二）CCT系列专用磁选机

北京雪域火磁电设备技术有限公司研制的CCT系列专用磁选机，利用公司独创的专用环节的特殊分选原理，根据不同的矿石性质、不同的工艺环节、不同的分选要求，有针对性地设计和配置专用设备，使每一个环节的专用设备分选原理不同、设备结构不同、设备磁场参数不同、磁性矿物和脉石

矿物的分离过程不同，从而使每一个环节的分选效率都达到很高的程度，使选矿厂的每一个环节得到优化。

CCT系列专用磁选机不仅精矿品位大大高于常规磁选设备，而且磁性矿物的回收率也大大高于常规磁选设备。各专用设备应用场合如下：

1）CCTY细碎磁铁矿预选专用磁选机系列，适合用于矿石细碎后进入磨机前的湿法预选。

2）CCTC细碎磁铁矿粗选专用磁选机系列，适合于第一、第二段磨矿分级后的分级溢流的第一、第二段粗选。

3）CCTJ细碎磁铁矿精选专用磁选机系列，适合于细筛筛下分选和最终的精选。

4）CCTN磁铁矿浓缩专用磁选机系列，适合于细筛筛上粗颗粒矿物返回磨机前的浓缩磁选和最终精矿过滤前的浓缩磁选。

5）CCNTN磁铁矿浓缩脱泥专用磁选机系列，适合于进入细筛筛分前的脱泥磁选和进入反浮选之前的脱泥磁选。

6）CCTH磁铁矿尾矿回收专用磁选机系列，适合于选矿厂的扫选和磁选尾矿的再选回收。

1. 节能减排特点

CCT系列专用磁选机采用独有的分选原理、独有的磁场条件、独有的槽体结构，来实现全新的分选过程。该机有如下节能减排的特点：

1）设备机械结构牢固，铝端盖和不锈钢法兰厚大，该特殊的重负荷筒体采用比常规筒体更厚的材料。

2）端盖设置有特殊的不锈钢防护套，保护铝端盖不被磨损。长期使用磨损后，也只需更换不锈钢防护套。

3）各型分选筒体和较粗颗粒分选时的槽体相应部位，均设置有耐磨陶瓷层，使分选筒体和槽体不易磨损。

4）整个磁系采用高性能全钕铁硼、全充填、全防护方式，可保证有效使用10年内退磁率小于2%。即便在振动、有限冲击、漏矿漏水的特殊情况下，也不会出现磁块脱落现象。

2. 应用实例

CCT系列磁选机在全国很多选矿厂成功应用，给选矿厂带来了很高的效益。

(1) 在莱钢集团莱芜矿业公司的应用　莱钢集团莱芜矿业公司是山东省的重点矿山企业。生产工艺为两段磨矿加细筛的三段磁选工艺。原来矿石的磨矿细度为粒度小于 74μm 的在 85%以上，精矿品位为 64.7%～64.8%。铁精矿粉年产量为 20 万 t/a 左右。2004 年起，该公司逐渐采用专用磁选设备在各环节进行分选，收到了很好的效果。

在入磨前增加 CCTY 湿式预选设备，抛出约 20%的废石，使入磨矿石的品位，从原来的 42%左右，提高到 48%左右。

磨后的各环节，采用 CCTC 粗选专用磁选机，用于第一段、第二段磨后粗选；CCTJ 精选专用磁选机用于第二段磨后精选；CCTN 浓缩专用磁选机用于第二段磨前浓缩和最终精矿的浓缩；CCTH 尾矿回收专用磁选机用于总尾的扫选。采用各专用设备代替原有的常规磁选设备，对选矿厂进行技术改造。

技术改造后，精矿品位从原来的 64.7%～64.8%提高到 65%。总尾矿从原来的 12%～13%降低到 8%～9%。使原有的两个磨机系列的产量，从年产精矿粉 20 万 t，增加到 55 万 t。实现节能减排的同时，也给公司选矿厂带来了巨大的经济效益。

莱芜矿业公司新上的谷家台选矿厂，设计生产规模为年处理 300 万 t 原矿，也是采用同样的专用磁选机用于各分选环节，同样收到了很好的效果。

(2) 在鲁中矿山集团公司（张家洼选矿厂）的应用　该选矿厂在技术改造后，年产精矿粉 200 万 t/a。由于原矿石含泥量高，原矿经过自磨机和球磨机细磨后直接磁选分选。第一段采用脱泥槽脱泥，第二、第三段采用 CTB-1030 磁选，第四段采用 BKJ-1030 精选。

从 2009 年起采用 CCTC-1230 粗选专用磁选机和 CCTJ-1030 精选专用磁选机，共两段分选，全面代替原有的四段分选。无论在精矿品位、回收率、脱泥效果等所有方面，均可以完全代替原来的四段作业，而且工艺流程大大简化，设备作业率提高，设备运行指标稳定可靠，节能减排效果明显。

在后续回收假象赤铁矿的环节，在再细磨后的强磁选前的除铁、浓缩等环节，采用本公司的 CCTC 粗选专用磁选机、CCTN 浓缩专用磁选机等设备，用于相应环节，带来了很好的效果。

(3) 在莱钢鲁南矿业公司韩旺铁矿的应用　莱钢鲁南矿业公司韩旺铁矿处理的是嵌布粒度细微的难选矿。选矿厂工艺是先磁后反浮选工艺。选矿厂在 2006 年采用细碎工艺后，采用 CCTY 预选专用磁选机于磨前粗颗粒抛

尾，达到抛尾率约25%，减少了入磨矿石量；入磨矿石品位从原来的28%~32%，稳定地提高到38%左右，大大提高了磨机对原矿的处理能力。以后，为了降低后续的入浮矿石的含泥量，采用CCNTN-1230脱泥专用磁选机于反浮前脱泥磁选，达到了极好的脱泥效果，为后续的反浮选工艺提供了良好条件。

在总尾扫选环节，采用本公司专用CCTH尾矿再选专用设备于尾矿再选回收反浮选中矿。中矿再磨再选，采用CCTC、CCTN、CCTJ等专用磁选机用于第一段磨机粗选、精选、二段磨前浓缩、最终精矿浓缩等环节，带来了很好的效果。

（4）在山东顺达铁矿的应用　山东顺达铁矿是山东淄博的村办企业。选矿厂年处理矿石约80万t。生产工艺采用一段磨矿、两段磁选的单一流程。一段磨矿到粒度小于74μm的质量分数约为55%后，直接进行两次磁选。

原来采用两台常规CTB型磁选机进行两次分选，得到精矿品位约65.5%。

2003年和2006年，为了提高精矿品位，分别采用了一台专用粗选机——CCTC-1026磁铁矿粗选专用筒式磁选机，和一台专用精选机——CCTJ-1024磁铁矿精选专用筒式磁选机，用于代替粗选和精选段原有的两段常规CTB磁选机。在其他工艺条件不变的情况下，精矿品位提高到67%~68%，尾矿品位从原来的大于10%（甚至18%~19%），下降到6%~7%。

增大产量，将磨矿粒度增粗，使最终的精矿品位保持在65%以上，选矿厂的精矿日产量，从原来的约700t/d提高到1500t/d，比原来提高一倍多。由此可见，该专用磁选设备对该种磁铁矿物分选的良好效果，在给选矿厂带来经济效益的同时，大幅度降低了吨矿石能耗，节约了能源，减少了尾矿排放。

（5）在北金隆盛钢铁选矿厂的应用　北金隆盛钢铁选矿厂是山东淄博的村办企业。选矿厂年处理矿石约80万t。

原来生产工艺采用两段磨矿、三段磁选的单一流程。第二段磨矿到粒度小于74μm的质量分数约为65%后，直接进行三次磁选。得到精矿品位约为64%、尾矿品位为6%~7%。后来采用CCTC-1230粗选专用磁选机和CCTJ-1030精选专用磁选机的两段磁选，代替原来的CTB常规磁选机三段磁选。

在一段磨矿到粒度小于74μm的质量分数约为65%后，采用CCTC-1230

粗选专用磁选机和 CCTJ-1030 精选专用磁选机进行两段磁选，可稳定达到精矿品位约为 65.5%、尾矿品位为 5.3%~5.4%的良好指标。选矿厂工艺流程减少了一段磁选作业，降低了尾矿品位，实现了节能减排。

（三）磁选柱

柱式磁选设备是利用磁力、重力和上升水的冲力等复合力来实现磁性矿物单体（包括部分富连生体）和非磁性矿物单体（包括部分贫连生体）分离的设备，主要包括传统的磁力脱水槽、磁聚机、淘洗磁选机、磁选柱等。目前，应用较多的是磁选柱，且正朝着大型化、自动化与智能化的方向发展。

1. 节能减排特点

磁选柱属于一种电磁式低弱磁场磁重选矿机，以磁力为主，以重力为辅。自 1994 年应用以来，磁选柱经过了不断的改进：一是主体的改进；二是操作上由人工调整操作向智能化自动调整操作改进。现在的智能化磁选柱由主机、供电电控柜和自控系统 3 大部分组成。

该设备由于采用特殊励磁机制，允许的上升水流速高达 2~6cm/s，结构简单，无运转部件，电耗低，品位提高幅度大。采用通过式和杆式磁铁矿浓度传感器，分别采集精矿和尾矿浓度信号，并通过自控柜分别显示其浓度值，并与给定的浓度值比较而实现精矿阀门的自动开、闭和磁场强度的自动调节，维持选分参数的最佳化，达到指标的最佳值。

磁选柱在工作中形成时有时无、时强时弱、不连续、不均匀的弱磁场，使入选的磁性物料在磁选柱内能实现反复多次的分散和团聚。分散时夹杂在磁团聚体中的连生体和脉石在上升水流托举力作用下，从磁选柱上部排出，成为磁选柱的尾矿（选矿工艺中往往称为中矿）；磁团聚体在自重和磁力作用下向下运动，从磁选柱下部排出，成为高质量的铁精矿。

2. 应用实例

磁选柱投放市场以来，在磁铁矿选矿厂得到了广泛的应用，并在磁铁矿山的铁精矿粉提铁降杂中发挥了重要作用。

磁选柱精选磁铁矿的效益类型有以下 3 种：

1）质量效益类型。通过磁选柱能高效分出矿泥、单体脉石，特别是能高效分出连生体及杂质，从而使磁铁精矿铁品位大幅度提高，使精矿吨售价大幅度提高而增加效益。

2）增产效益类型。利用磁选柱能高效分出单体脉石，特别是连生体，经适当放粗磨矿粒度，仍能维持较高的合格精矿品位，而实现较大幅度的增产，显著降低精矿成本而大幅度增加效益。

3）混合效益类型。利用磁选柱的高效精选功能，既适当提高精矿品位，又适当放粗磨矿粒度，从而实现又提高品位又增产的效果，因而大幅度增加收益。

（1）大顶矿业公司二选矿厂的应用实践　大顶矿业公司二选矿厂处理的矿石为高温热液接触交代矽卡岩型磁铁矿，其入磨原矿品位为40%～45%，最终精矿品位为61.5%～62.5%，尾矿品位为6.5%～7.0%，主厂房精矿产率为63.5%，铁回收率为94%。由于最终精矿品位偏低，该厂于2010年采用CZB80裕丰磁选柱在原磨选工艺流程过滤与过滤前磁选之间增加了一段精选作业。磁选柱精矿送过滤，磁选柱尾矿（中矿）进二段磨矿前的浓缩磁选。增加一段磁选柱精选后，最终精矿品位由61.5%～62.5%提高到64%～64.5%，且最终精矿品位比较稳定，达到了加强精选的预期目的。

（2）本钢南芬选矿厂等选矿厂的应用实践　采用磁选柱精选后，本钢南芬选矿厂的精矿品位由67%左右提高到69%，歪头山选矿厂精矿品位由65%左右提高到67%～68%，通钢板石选矿厂由65%～66%提高到67.5%～68%，舞阳矿业公司精矿品位由64%～65%提高到67.5%，太钢峨口铁矿精矿品位由63%～65%提高到66.5%～67%。

（3）辽宁灯塔选矿厂的应用实践　辽宁灯塔某磁铁矿选矿厂，原最终精矿品位为64%～65%且不稳定。经流程改造，选用1台裕丰CXZ磁选柱后，不仅最终精矿品位稳定在66%～66.5%，同时实现了大幅度增加原矿处理量和精矿产量的目的。

（4）吉林通化四方山选矿厂的应用实践 吉林通化四方山选矿厂选用了4台裕丰CXZ60磁选柱，使精矿年产量由500余t提高到650t左右，而且精矿品位稳定在66%左右。选矿厂处理量的提高降低了矿石单耗，减少了后续作业能耗，节能减排效果明显。

3. 节能减排总结

1）磁选柱是一种电磁式低弱磁场磁重选矿设备。由于它自上而下采用多个励磁线圈，形成了自上而下的断续脉动供电机制，可以在分选腔内产生持续向下的磁力作用；同时由下部引入高速旋转上升水流，可将常规磁选设

备夹带的矿泥、单体脉石及贫连生体高效分出，精选作用极强，从而可由低品位精矿产出高品位精矿。

2）磁铁矿选矿厂采用磁选柱精选的实践证明，磁选柱不仅能提高最终精矿品位，而且还伴有适当放粗磨矿粒度，提高磨矿处理量，有利于降低工序循环负荷，减少不必要的磨矿、矿浆输送能耗，并有利于降低扫选尾磁品位，实现节能减排。

3）磁选柱设备的应用使磁重选别设备大型化、系列化成为现实，还可以配置高可靠性的自动化控制系统。

（四）磁场筛选机

磁场筛选机（磁筛）是中国地质科学院郑州矿产综合利用研究所发明的专利设备。该设备在分选磁铁矿石时，不是像传统弱磁选机那样依靠较强的磁场直接吸引磁性颗粒，而是采用特设的低弱磁场将矿浆内已单体解离的磁铁矿先团聚成链状磁聚体，增大磁铁矿单体与脉石或连生体的沉降速度差和尺寸差，然后通过安装在磁场中的专用筛（其筛孔比给矿中的最大颗粒大数倍）将磁聚体与处于分散状态的脉石及连生体分离。

1. 节能减排特点

磁场筛选机的结构由给矿装置、分选装置、贮排矿装置3大部分组成。给矿装置由分矿筒、分矿头等部件组成；分选装置由磁系、分选筛以及辅助部件组成；贮排矿装置由螺旋排料机、中矿、精矿矿仓和阀门组成。磁场筛选机的分选包括给矿、分选、分离及排矿4个过程。

该设备运转部件只有1.5kW或2.2kW的电动机1台，耗电少，不易损坏，节能效果好；安装使用方便，不需要基础固定；对给矿浓度、流量、粒度等波动适应性强，易于操作管理；性能稳定，维护工作量小，维护费用低，使用寿命长。磁场筛选机能广泛适用于不同类型、不同粒度的磁铁矿、钒钛磁铁矿、焙烧磁铁矿的精选。在精矿品位提高的条件下，可放粗原细筛-磁选工艺中的筛孔尺寸，从而提高磨矿能力，降低能耗；可普遍替代原磁选机的二、三段精选及磁力脱水槽作业，精矿排矿的质量分数高达65%~75%，可直接进过滤机，具有提质降耗、简化流程的多重效果。

2. 应用实例

下面介绍磁场筛选机在庙沟选矿厂的应用情况。

庙沟铁矿选矿厂于2005年5月使用了8台磁场筛选机对现厂选矿工艺

进行了技术改造。将工艺流程从原来的三段磨矿—三段细筛—九次磁选改为现在的三段磨矿—二段细筛—二次磁筛—磁筛中矿单独处理的流程。

生产实践证明，在原矿品位较低、矿石可选性相近的情况下，同比选矿厂精矿品位提高了1.4%，原矿处理能力提高了12.8%，精矿产量提高了2.8%。

3. 节能减排总结

1）磁场筛选机将磁聚体与分散脉石用筛分过程来分级分选，在选矿厂磁选、细筛等常规作业后使用，通常无须补充水或少量补充水，且整个设备只有用于排矿的简单螺旋运转部件，因而节水节电。

2）磁场筛选机能将不同粒级已解离的磁铁矿单体优先分选出，只有含连生体的中矿进入再磨，充分提高了磨矿效率，又克服了磁团聚重选的不足，分选精度更高，适应粒度范围更广，因此能经济合理地在选矿厂实现提质降杂的目标。

（五）SLon立环脉动高梯度磁选机

赣州有色冶金研究所（现赣州金环磁选设备有限公司）研制的SLon型脉动高梯度立环磁选机，是利用磁力、脉动流体力和重力的综合力场磁选设备。

1. 节能减排特点

SLon立环脉动高梯度磁选机主要由脉动机构、励磁线圈、铁轭、转环和各种矿斗、水斗组成。用导磁不锈钢制成的圆棒或钢板网作为磁介质。其工作原理：励磁线圈通以直流电，在分选区产生感应磁场，位于分选区的磁介质表面产生非均匀磁场即高梯度磁场；转环做顺时针旋转，将磁介质不断送入和运出分选区；矿浆从给矿斗给入，沿上铁轭缝隙流经转环。矿浆中的磁性颗粒吸附在磁介质表面上，被转环带至顶部无磁场区，被冲洗水冲入精矿斗；非磁性颗粒在重力、脉动流体力的作用下穿过磁介质堆，沿下铁轭缝隙流入尾矿斗排走。

该机的转环采用立式旋转方式，对于每一组磁介质而言，冲洗磁性精矿的方向与给矿方向相反，粗颗粒不必穿过磁介质堆便可冲洗出来。该机的脉动机构驱动矿浆产生脉动，可使分选区内矿粒群保持松散状态，使磁性矿粒更容易被磁介质捕获，使非磁性矿粒尽快穿过磁介质堆进入到尾矿中去。

显然，反冲精矿和矿浆脉动可防止磁介质堵塞；脉动分选可提高磁性精

矿的质量。这些措施保证了该机具有较大的富集比、较高的分选效率和较强的适应能力。

2. 应用实例

经过多年的持续研究与技术创新，SLon 立环脉动高梯度磁选机已发展成为国内外新一代的高效强磁选设备。该设备用于分选红矿，具有富集比大、回收率高、磁介质不堵塞、设备作业率高的优点。已有 500 多台 SLon 立环脉动高梯度磁选机在鞍钢、马钢、宝钢、昆钢、首钢、海钢、包钢、安钢等企业中应用于赤铁矿、镜铁矿、菱铁矿等氧化铁矿的选矿工业，在山西、河南、江西等地应用于褐铁矿的选矿，在攀钢选钛厂、重钢太和铁矿、承德黑山铁矿等企业中应用于钛铁矿选矿工业，在内蒙古用于铬铁矿、黑钨矿的分选，在内蒙古、南京栖霞山等地用于锰矿的分选，在四川南江、安徽来安、四川乐山、陕西洋县、安徽淮北等地应用于霞石、长石、石英、高岭土等非金属矿的除铁提纯，多次创造了我国弱磁性铁矿、微细粒钛铁矿和多种非金属矿选矿的历史最高水平。

SLon-2500 磁选机研制成功以后，很快在铁矿石的选矿工业生产中得到大规模应用。印度一家大型钢铁公司采购了 10 台 SLon-2500 磁选机分选赤铁矿，采用 SLon-2500 磁选机一次粗选和一次扫选的选矿流程，其入选原矿铁品位为 59.77%，综合铁精矿品位为 65.00%，综合铁回收率为 93.86%，选矿指标优异。

下面介绍 SLon-2500 磁选机分选褐铁矿的应用情况。

云南北衙黄金选矿厂的原矿为金矿与铁矿共生的矿石，其早期的生产仅用浸出法回收金，而选金后的尾矿因粒度很细未得到回收。通过探索试验表明，该选金尾矿中含有磁铁矿和褐铁矿。2006 年该厂建成了一条年处理 50 万 t 的选铁生产线，从选金尾矿中回收铁矿物，其中采用 2 台 SLon-2000 磁选机回收褐铁矿。2010 年该厂又建设了一条年处理 150 万 t 原矿的选矿生产线，其选金后的尾矿用弱磁选机选出磁铁矿，然后用 4 台 SLon-2500 磁选机分选褐铁矿（粗选和扫选各 2 台）。安装后该厂每年可回收 100 多万 t 铁精矿，并可根据市场价格安排磁铁矿和褐铁矿分别销售或合并销售。

3. 节能减排总结

1）设备处理量大。该机台时处理量可达 150t（处理鞍山式贫赤铁矿台

时处理量上限可达 200t）。设备大型化可节约用地，降低操作成本。

2）高效节能。SLon-2500 磁选机处理每吨矿石的电耗为 0.63kW·h，比 SLon-2000 磁选机（1.02kW·h）节电 38%。

3）自动化程度较高，有利于选矿厂自动化控制。

二、浮选工序的节能减排设备

（一）XCFⅡ/KYFⅡ-320 浮选机

XCFⅡ/KYFⅡ-320 浮选机是 BGRIMM 浮选机大型化的典范。2000 年成功研制了单槽容积为 50m^3的浮选机，在国内外迅速推广使用近千台；2005 年成功研制了单槽容积为 160m^3的浮选机，在中国黄金集团乌努格吐山铜钼矿 3.4 万 t/d 工程中使用；2008 年初成功研制了单槽容积为 200m^3的充气机械搅拌式浮选机，并在江西铜业集团公司大山选矿厂 9 万 t/d 工程中使用。2008 年底，BGRIMM 研制成功了 XCFⅡ/KYFⅡ-320 充气机械搅拌式浮选机，该浮选机是目前世界上单槽容积最大的浮选机之一，单台浮选机的铜富集比可达 20.62，硫富集比可达 71.44，单机功耗为 160kW。

XCFⅡ/KYFⅡ-320 浮选机是在原 XCF/KYF-320 基础上进一步开发的新型浮选机。其中，XCFⅡ具有吸浆能力，可作为粗、扫、精选作业端的吸入槽；KYFⅡ型浮选机无吸浆能力，若独立作业配置时，应将前、后作业阶梯配置，中矿返回需要泡沫泵泵送。若与 XCFⅡ型联合配置，KYFⅡ型可作为粗、扫、精选各作业段的直流槽，水平放置，中矿返回不需要泡沫泵。

1. 节能减排特点

特大型 XCFⅡ/KYFⅡ-320 浮选机的槽体深度达 6.40m，机械搅拌装置主要起搅拌矿浆和分散气泡的作用，所需空气由鼓风机提供。其主要特点如下：

1）矿浆充气和气泡矿化效果好。由鼓风机来的空气通过风管直接进入位于浮选机顶部的进风口，在进风口处安装一个控制风量的调节阀。空气直接进入中空轴，避免了 XCFⅡ/KYFⅡ-320 浮选机中部进风通道给风造成的轴承发热问题，确保浮选机内矿浆充气不受设备运转影响而得以充分矿化。良好的充气量使矿粒在整个浮选槽内有效悬浮和气泡均匀分布，避免了液面的过分扰动，有利于形成高质量的泡沫层，提高浮选两项技术

指标。

2）设备节能降耗。浮选机工作之前，由鼓风机通入空气直接给到叶轮和定子之间。中空轴旋转后，设备可以在低转速情况下使空气经机械搅拌的带动与固体颗粒形成稳定悬浮状态的矿浆流进入分选区内选别，定子采用低阻尼直悬形式，便于将矿浆流由轴向变为径向，降低了矿浆循环阻力和动力消耗。外部充气及新型定子结构使浮选机功耗降低，磨损减轻，从而使使用寿命得到提高。

3）液位自动控制效率高。浮选机内的矿浆液位高度采用矿浆液位计检测，输出的液位信号（4~20mA）送给液位控制器，由液位控制器控制气动调节阀，实现矿浆液位的自动控制。尾矿箱和中间箱装有控制矿浆流量的锥阀，用气动执行器自动控制锥形阀门，用于矿浆全量调节，气动执行器由液位控制器控制。

4）有利于提高选别效果。深槽结构可给矿化矿浆流提供平稳的泡沫区和较长的分离区，使低压空气在浮选机底部的固、液、气三相强湍流混合区充分弥散，产生的气泡在此被高效利用。由于在气泡和矿浆之间存在着较大的速度差，细粒与气泡接触的机会多，细粒有用矿物得到高效浮出。矿浆流把粗重颗粒运输到叶轮下部，增加与气泡接触碰撞机会，强化粗重颗粒的悬浮条件，增加粗重颗粒矿化浮选机会。深槽使矿物颗粒、选矿药剂与气泡在本区具有较高的接触碰撞概率和黏附，有利于提高选别效果。

5）设备操作管理方便。该设备可带负荷启动；具有先进的矿浆液面控制系统；可减少短路循环；易损件磨损轻，维护保养费用低；结构简单，维修容易；能量消耗少；空气分散好；药剂消耗少，节省投资。

2. 应用实例

下面介绍某大型矿山特大型浮选机的应用情况。

该大型矿山主要是低品位硫化矿浮选，应用特大型浮选机进行低速充气浮选有利于提高设备运转率及获得稳定的选别效果。现场使用自动加药系统。自动加药系统包括智能控制器、药剂泵、流量计、操作站、现场控制箱等。

结合一年来的生产数据，特大型浮选机适应矿石氧化率变化能力强，总结出适宜的浮选操作技术参数。磨矿细度为-0.074 mm 占 60%；矿浆的 pH 值为 9.0~9.5；浮选的质量分数：粗选 35%~42%，扫选 30%~35%，精选 20%~30%。

浮选机开车运转正常后，严格按照工艺标准控制液位，形成一定厚度的矿化泡沫层，稳定矿浆通过量，保证粗选、扫选作业液位值呈梯度设定且刮出相适宜的溢出泡沫量。粗选浮选机对矿化泡沫的正常刮量是确保浮选两项技术指标的关键，粗选尽量采用较浓的矿浆浓度，刮量以3.5m循环泡沫搅拌槽液位2.0~3.0m为标准。注意磨矿处理矿量和磨矿浓度的波动，有预见性地保持浮选系统矿浆的稳定性，确保有用矿物及时、高效地进入循环泡沫箱。

采用320m^{3}特大型浮选机，在铜原矿品位0.348%时，铜浮选回收率为86.30%。采用特大型XCFⅡ/KYFⅡ-320浮选机在铜原矿品位为0.348%低于同期采用160m^{3}大型浮选机0.353%的情况下，精矿品位提高0.71%，铜回收率提高0.68%，一年多回收铜金属量294.66t。

3. 节能减排总结

特大型XCFⅡ/KYFⅡ-320浮选机运行可靠，自动化控制灵活，操作便捷。尽管需要配套专门的送风设备，但矿浆液面稳定程度高，易形成稳定的矿化泡沫层，抗生产波动性强，影响浮选指标因素少，浮选工艺平衡性能好，浮选技术指标理想，设备运转率高。在今后选矿厂大型化及扩能改造方面，该设备的应用前景广阔。

（二）JJFⅡ型浮选机

JJF型浮选机是北京矿冶研究总院研制的自吸气机械搅拌式浮选机。该机是目前国内应用最广泛的自吸气机械搅拌式浮选机之一，单槽容积最大达200m^3，主要应用于铜、钼等充气量要求范围较宽的金属矿物和非金属矿物的选别。

1. 节能减排特点

JJFⅡ型浮选机采用深型叶轮，形状为星形，叶片为辐射状，定子为圆筒形，其上均布长孔作为矿浆通道。定子遮盖叶轮高度仅为2/3，定子外增加表面均布小孔的锥形分散罩，起稳定液面的作用。能自吸空气，叶轮下部又增设导流管和假底，以便在槽内产生大循环，有助于槽子下部矿粒的循环，防止沉槽。

JJFⅡ型浮选机具有如下的特点：

1）对叶轮结构进行了改进，使转子、定子的结构参数更加合理，提高了空气分散度和充气量的调节范围，使吸入槽的吸入能力大大提高，从而有

利于分选指标提高。

2）采用先进的流体机械技术，改变循环筒、循环筒的支撑方式及假底的结构参数，使矿浆通过循环筒的面积加大，减小了矿浆进入叶轮的速度和阻力，从而达到节能的目的，同时避免了在高浓度、粗磨矿、大密度情况下可能出现的沉槽。

3）定子结构和参数合理，且叶轮与定子间的流线合理，磨损轻，在相同材质的情况下，叶轮、定子寿命大大提高。

4）JJFⅡ型浮选机可平面配置，中矿泡沫返回不需泡沫泵，而JJFⅠ型浮选机则没有这个特点。

5）JJFⅡ型浮选机的转子、定子采用进口尼龙基碳化硅+二硫化钼耐磨材料取代原JJF型浮选机转子、定子采用的铸铁或橡胶材料，其使用寿命是铸铁的3~4.5倍，是橡胶材料的1.5~2倍。因此提高了设备的作业率，减少了维修费用，同时避免了由于铸铁转子、定子很快磨损而影响分选指标等问题。

2. 应用实例

下面介绍JJFⅡ-8型浮选机在柿竹园矿的应用。

柿竹园矿是以钨、铋为主，伴生有钼、锡、萤石、石榴石的多金属矿。其选矿厂采用JJFⅡ-8型浮选机后的效果如下：

1）提高选矿效率。JJFⅡ-8型浮选机采用平面配置后，由于所有的设备在一个平面上，使得工人容易操作，便于管理，而且也易于实现浮选机液面等自动控制。采用联合机组平面配置后，由于吸入槽和直流槽在选别矿物粒级范围上有互补性和日常操作管理比较方便，使得选矿工艺指标均有所提高。

2）取消泡沫泵，减少设备管理和维护。当浮选机采用阶梯配置时，中矿返回必须采用泡沫泵，而泡沫泵由于转速高，线速度大，叶轮和泵壳极易磨损，一般泡沫泵的磨损程度是浮选机的3~6倍。为此一些采用阶梯配置的选矿厂专门有泡沫泵维修组。另外，泡沫泵对黏而不易破碎的泡沫难于扬送，使得流程难以畅通。为了避免采用泡沫泵后使选矿厂作业率降低，一般都采用增加备用泡沫泵的做法，以保证选矿厂的作业率。而采用平面配置则从根本上避免了由于采用泡沫泵而带来的缺点。

3）降低系统能耗和药剂消耗。JJFⅡ-8型浮选机可降低选别作业能耗20%以上。表3-2为采用JJFⅡ-8型浮选机后与原浮选机能耗与药剂消耗的比较。

表 3-2　采用 JJFⅡ-8 型浮选机后与原浮选机能耗与药剂消耗的比较

项　　目	费用/(元/t 原矿)		
	现选矿指标	原选矿指标	差值
选矿药剂	18.730	25.135	-6.405
电	16.65(45kW·h/t)	18.500(50kW·h/t)	-1.850

4）降低基本建设投资。采用 JJFⅡ-8 型浮选机平面配置可降低基本建设投资。当采用阶梯配置时，为使得矿浆能顺利流动，每个阶梯必须有 400mm 的高度差，这样需增加 2m 的高度差。也就是说，不仅要增加浮选机基础的投资，而且厂房高度、吊车等辅助设施也需加高 2m，这就势必增加投资，把阶梯配置改为采用 JJFⅡ-8 型浮选机后，一次性节省基建投资上百万元人民币，另外还可以减少泡沫泵的一次性投资和以后的维修等费用。

5）易损件寿命长。JJFⅡ-8 型浮选机采用了先进的叶轮-定子系统，叶轮圆周速度和转速较低，而且矿浆流线合理，所以叶轮、定子的寿命较长，一般为 1.5~3 年。

6）JJFⅡ型浮选机空气分散均匀。空气分散度一般为 3.5~5.5。矿浆悬浮能力好。JJFⅡ型浮选机叶轮-定子系统所产生的矿浆流线及循环方式，既能加强空气泡和矿物颗粒之间的碰撞，又能阻止固体颗粒在槽底沉积，具有良好的悬浮性能。生产中尚未发现 JJFⅡ型浮选机沉槽事例。

3. 节能减排总结

JJFⅡ型浮选机是在 JJF 型浮选机基础上发展起来的一种新型浮选设备，通过 JJFⅡ-8 型浮选机在柿竹园矿的应用表明：JJFⅡ型浮选机的技术性能达到了国内外先进水平，JJFⅡ-8 型浮选机完全能满足柿竹园矿矿石性质和选矿工艺的要求，并在降低基建投资，减少维护和备品备件费用，降低能耗，提高和保证选矿工艺技术指标方面有独特的优势。

（三）CPT 浮选柱

浮选柱的设计思想源于 1915 年。在 20 世纪 60 年代，加拿大工程师 Bouttin 申请了带泡沫冲洗水装置的现代意义的浮选柱专利。直到 1980 年，加拿大才于 Gaspe 钼选矿厂安装了第一台工业浮选柱，取代了原先的丹佛浮选机，使作业次数从 13 次简化为 7 次，在精矿品位相同的情况下，浮选回收率从 64.51%提高到 71.98%。由加拿大 CPT 公司生产的 CPT 浮选柱是一

种逆流浮选设备。

1. 节能减排特点

工业应用的浮选柱具有以下节能减排特点：

1）设备结构简单，没有运动部件，质量小，容积大，占地面积小。基建投资比浮选机节省20%以上。

2）能耗低，操作简便，操作人员少，易磨损件少，药剂用量少，生产成本低。

3）浮选效率高，作业次数和循环矿量少，流程简化，易实现自动化。

4）具有浮选机无法比拟的精选区，泡沫层可厚达1~2m，并有上部冲洗水逆流清洗，富集比高。

5）易于实现自动控制和大型化。

6）柱内矿粒和气泡之间平稳的逆流运动，降低了气泡群的上升速度。提高了空气利用率和设备的单位处理能力。浮选柱更适于细粒矿物的回收。

CPT浮选柱具有以下性能特点：

1）CPT浮选柱从根本上解决了传统浮选柱因充气器结钙堵塞而影响生产的问题。

2）与传统浮选柱相比，CPT浮选柱自动化程度高，便于操作管理。

3）CPT浮选柱与浮选机相比，具有分选效率高、易于自动控制等优势。

2. 应用实例

现在，人们对浮选柱的设计安装、操作和控制日趋成熟，也使浮选柱的应用领域不断扩大。国际上有许多从事浮选柱设计、安装和调试的大公司，如加拿大浮选柱公司、Cominco工程服务有限公司，美国Deister选矿设备有限公司等。普遍认为，美国推出的以浮选柱为中心，配有多种检测、控制装置的浮选系统代表了浮选设备的发展趋势。国内有长沙有色冶金设计研究院下属单位有色院技术应用有限公司自主研发的新型浮选柱——CCF浮选柱也获得了应用。

下面介绍CPT浮选柱在羊拉铜矿一选矿厂的应用情况。

羊拉铜矿海拔3500 m，属高海拔高寒复杂地质条件矿山，属斑岩-矽卡岩型铜矿床。主要金属矿物有黄铜矿、磁黄铁矿、白铁矿、黄铁矿等，矿石性质复杂难选，主要表现在以下几个方面：

1）黄铜矿与磁黄铁矿、白铁矿、黄铁矿及脉石共生关系密切，相互镶嵌穿插包裹现象普遍。

2）黄铜矿的嵌布粒度细且不均匀，60%的黄铜矿粒度小于 40μm，25%的黄铜矿粒度小于 10μm。

3）矿石中磁黄铁矿、白铁矿、黄铁矿含量高，磁黄铁矿易浮难抑。

4）矿石性质变化大，氧化率和含泥量较高。

投产初期，采用了“优先浮选—中矿再磨”的工艺流程。由于矿石性质复杂难选，所以铜精矿品位和回收率处于较低水平。为进一步提高铜回收率和铜精矿品位，决定引入 CPT 浮选柱，改进原浮选工艺。技术改造采用 1 台 JM-1800 立式磨机对粗精矿进行再磨，采用型号为 ϕ2.4m×10.0m 和 ϕ3.0m×10.0m 的两台 CPT 浮选柱代替原精选 1、精选 2、精选 3 三段精选作业的 7 台 KYF/XCF 系列浮选机，新增建 1 台立式搅拌磨机。

自 2010 年开展浮选柱探索试验以来，历经小型试验、技术论证、技术改造设计、试生产，至 2011 年 6 月达到稳定生产。粗精矿经过立式搅拌磨再磨矿后，磨矿细度为粒度小于 38μm 的质量分数达到 78.51%，比未投入使用前提高了 21.42%。浮选柱精 I 给矿细度为粒度小于 38μm 的质量分数达到了 95%；精矿品位为 17.68%，平均提高了 2.34%；精矿回收率为 82.97%，平均提高了 5.31%；金回收率从 34.95%提高到 44.77%，平均提高了 12.82%；银回收率从 44.22%提高到 45.72%，平均提高了 1.5%。

从运行结果可以看出，用 CPT 浮选柱代替浮选机精选作业是可行的，CPT 浮选柱结构简单，能耗低，自动控制系统完善，对现场操作管理更为方便。两台 ϕ2.4m×10.0m 和 ϕ3.0m×10.0m 的 CPT 浮选柱，替代现有的 7 台 KYF/XCF 系列浮选机，减少了精选作业次数，有利于伴生元素的回收。

3. 节能减排总结

CPT 浮选柱矿物选别效率高，占地面积小，操作简便，作业流程短，能耗低，可广泛应用于金属嵌布粒度较细的矿物选别。

三、重选工序的节能减排设备

（一）BL1500 螺旋溜槽

BL1500 螺旋溜槽是北京矿冶研究总院机械研究所于 1999 年研制成功的高效重选设备。该设备特别适用于铁矿、钛铁矿、海滨砂矿、锡矿、砂金、

钨矿、钽铌矿等金属矿及煤等非金属矿的选别及脱泥。

1. 节能减排特点

BL1500 螺旋溜槽目前设计有 A1、A2、B、C 和 F 型五种型号，分别针对矿泥、粗砂、低品位矿及尾矿再选、非金属矿分选、脱泥等作业。BL1500 螺旋溜槽完全采用计算机辅助设计及模拟技术设计而成。

该设备的主要节能减排特点如下：

1）由于采用针对性设计，大大提高了分选效率，提高了螺旋溜槽对工艺条件的适应性能。

断面曲线的设计是决定螺旋溜槽选别性能的关键因素。BL1500 螺旋溜槽采用了复合的立方抛物线断面曲线、较平缓的断面形状及较小的横向下斜角，使得矿物在断面上的分布发生变化，层流区域明显加强，边流区域加宽，同时也加宽了矿砂与矿泥的过渡区域，使得矿泥与矿砂的分界更为明显；由于层流作用的增强，使得细粒重矿物与轻矿物的分离过程更为稳定，受干扰更小，所以重矿物更易进入内缘而轻矿物也更不容易夹杂在重矿物区，同样矿粒进入矿泥区的概率也大大下降，使重、轻矿物及矿粒与矿泥的分带更为清晰彻底；正由于矿泥得到了充分的分离，使得重、轻矿物之间的分离受矿泥的干扰进一步减小，从而也起到了减少矿泥夹杂、提高分选效率的作用。

2）单机处理能力大，工作不需要动力，若有高度差可实现无能耗工作，选矿成本低。

3）横向冲洗水的设计。从 A2 型的设计开始，增加了可选择的横向冲洗水的设计。通过增加横向冲洗水，可改善重矿物输送，增加内缘物料稀释度，强化水流的横向环流，并对精矿可起到淘洗作用。在实际应用中发现，增加横向冲洗水，可有效地调节精矿的品位，有时在一段即可获得部分最终精矿。

4）操作维护简单，调试好后可实现无人看护。

5）工作稳定，使用寿命长，基本不需要检修，属节能实用型产品。

2. 应用实例

下面主要介绍 BL1500 螺旋溜槽在吉林吉恩镍业股份有限公司选矿厂的应用情况。

吉林吉恩镍业股份有限公司选矿厂日处理铜镍硫化矿矿石 1500t，矿石

主要来源于红旗岭地区一号矿体和七号矿体。由于两个矿体均属井下高进路胶结充填法采矿，不但采矿矿石粒度小，而且在采掘运输过程中易产生大量原生与次生矿泥。为此，选矿厂在碎矿预先筛分作业前，增设了洗矿作业。按原矿含泥量占8%、镍品位为1%计算，日洗矿矿泥可达120t，镍金属含量达1.2t。

该工艺采用“重选—浮选联合流程”处理碎矿车间洗矿中产生的大量洗矿矿浆，分为重选脱泥脱水单独存储部分与再磨浮选两部分，其工艺流程如图3-1所示。

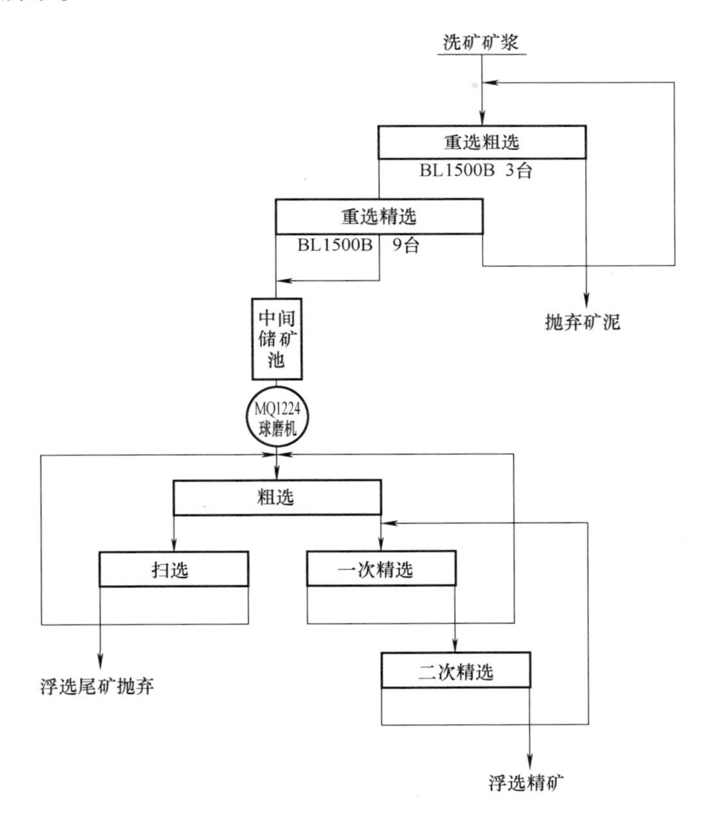

图3-1 洗矿矿浆镍回收的工艺流程

该工艺利用ϕ219mm管路，将洗矿矿浆通过自流方式引入BL1500B型螺旋溜槽脱泥脱水，重选尾矿抛弃。重选精矿用砂泵输送至储矿仓脱水储存（目的是沥干水分并储存足量矿砂，以满足浮选连续稳定作业要求）。储矿矿仓精矿采用吊车给入ϕ1200mm×2400mm溢流型球磨机进行开路磨矿，溢

流产品进入浮选流程单独浮选，浮选尾矿抛弃。

3. 节能减排总结

1）该选矿厂洗矿矿浆镍金属回收工艺成功实现了泥沙分选的良好组合，最大程度上回收了损失在洗矿中的镍金属。工艺科学、合理，使镍金属得以充分回收，同时还在洗矿矿浆镍金属回收方面走出了一条新路。

2）工艺改进后的矿砂部分取得了与主流程相近的镍精矿品位与镍回收率，较之改进前52.3%的镍回收率，提高了16.6%。

3）通过在硫化镍选矿中引入重选工艺回收尾矿中的镍金属，有效地降低了尾矿品位，提高了选矿技术指标。该工艺技术简单易行，可在不影响正常生产及工艺的条件下独立实施。

4）在金属矿山中，可单独采用此工艺对尾矿资源加以回收。在资源的综合回收与利用上，此工艺具有广泛的应用前景。

（二）尼尔森选矿机

尼尔森选矿机是一种高效的离心选矿设备。它适于从矿石及其他固体物料中回收金、银和铂族等贵金属，并已成功地用于其他一些较大密度矿物的选别。

1. 节能减排特点

尼尔森选矿机与其他选矿设备相比，有如下特点：

1）选矿富集比高，通常可达到1000～3000倍；精矿产率小，通常为0.02%～0.10%；精矿品位高，一般为1000～20000g/t；回收率比常规重选设备显著提高。

尼尔森选矿机给矿粒度区间较宽，间断排矿型为0～6mm，连续排矿型为0～1.7mm。其回收粒级很宽，以金回收为例，粒度大于38μm者为易回收粒级，粒度为10～38μm者为可回收粒级，粒度小于10μm者为较难回收粒级。

2）单台设备处理固体矿量大，KC-XD70和KC-CVD64型尼尔森选矿机的处理能力可分别达到300～1000t/h和100～300t/h。

3）尼尔森选矿机是无污染、清洁的不需要任何化学药剂的环境友好设备。

4）设备运转率高，耗电少，易于操作管理，所需操作人员少，自动化程度高，设备日常维护量很低，生产成本低。

5）设备占地面积小，易于融入改扩建选矿厂及新建选矿厂中的磨矿回路配置中。设置在选矿厂尾矿排矿点，可回收粒度大于 20μm 的硫化物、铁、锡、钨、铌、金、银、独居石、金红石等密度大的其他金属或矿物。

2. 应用实例

下面介绍尼尔森选矿机在珲春紫金矿业有限公司的应用情况。

珲春紫金矿业有限公司通过近两年的生产实践证明，尼尔森选矿机确实是一种选别高效的无环境污染的重选设备。该设备具有良好的机械性能，构造简单，运转可靠，适应物料粒度范围宽并且选矿富集比高。特别是在黄金矿山工业生产中，它是替代混汞板、跳汰机的最佳选择。

2008 年 10 月，珲春紫金矿业有限公司在第一台尼尔森选矿机生产使用的基础上，又引进了 3 台 KC-XD40 型尼尔森选矿机，分别安装在 3 个磨矿生产系统的回路中。尼尔森选矿机调试阶段的生产指标见表 3-3，尼尔森选矿机生产阶段选矿生产指标见表 3-4。

表 3-3 软覆面固定溜槽与尼尔森选矿机调试阶段的生产指标比较

2007 年软覆面固定溜槽					2010 年尼尔森选矿机				
月份	矿量/t	原矿品位/(g/t)	尾矿品位/(g/t)	回收率(%)	月份	矿量/t	原矿品位/(g/t)	尾矿品位/(g/t)	回收率(%)
4	187711.2	0.78	0.70	10.22	4	419936.2	0.69	0.55	20.42
5	195209.7	0.80	0.71	10.90	5	421220.3	0.74	0.59	20.57
6	195209.7	0.92	0.78	12.92	6	491600.0	0.65	0.51	23.16
合计	567755.5	0.83	0.74	11.42	合计	1332757.0	0.69	0.54	21.43

表 3-4 软覆面固定溜槽与尼尔森选矿机生产阶段的生产指标比较

年度	软覆面固定溜槽		尼尔森选矿机	
	2006 年	2007 年	2009 年	2010 年
处理矿量/t	1883374.2	2278705.1	1101197.5	4891000.0
原矿品位/(g/t)	0.82	0.81	0.62	0.66
尾矿品位/(g/t)	0.72	0.71	0.52	0.53
回收率(%)	11.88	11.89	15.32	18.77

通过对表 3-3 和表 3-4 的分析可以看出，增加尼尔森选矿机重选系统

后，对浮选精矿质量略有影响。从表3-5中看出，安装尼尔森选矿机后浮选金精矿品位下降6~10g/t，浮选作业金回收率略有降低，由于重选金回收率提高，综合选矿金回收率提高0.67%~1.45%。安装尼尔森选矿机后，浮选金尾矿品位出现异常数据的现象明显减少。这说明在安装尼尔森选矿机后自然颗粒金得到了有效的回收，浮选尾矿中较大自然颗粒金减少。

表3-5 安装尼尔森选矿机前后浮选金精矿质量比较

月份	矿量/t	原矿品位		精矿品位		尾矿品位		回收率	
		Au/(g/t)	Cu(%)	Au/(g/t)	Cu(%)	Au/(g/t)	Cu(%)	Au/(g/t)	Cu(%)
2007年4月	187711.2	0.70	0.214	33.85	12.658	0.24	0.046	65.63	78.91
2007年5月	195209.7	0.71	0.222	33.73	12.780	0.24	0.053	65.44	76.51
2007年6月	184834.5	0.78	0.253	33.29	12.939	0.24	0.050	70.44	80.68
2010年4月	419936.2	0.55	0.196	26.88	11.994	0.22	0.048	61.50	75.67
2010年5月	421220.3	0.58	0.216	24.45	13.003	0.22	0.029	62.58	86.63
2010年6月	491660.0	0.51	0.192	22.30	11.387	0.18	0.033	64.26	83.00

3. 节能减排总结

珲春紫金矿业有限公司使用尼尔森选矿机后，提高了选矿的生产指标，在减少60%的人员的同时减轻了员工的劳动强度，降低了选矿生产成本，金综合回收率提高0.67%~1.45%，每年可为企业增创效益近千万元。

第三节 选别作业的节能减排工艺

一、磁铁矿全磁选工艺

长期以来，大多数磁铁矿选矿厂一直采用常规的筒式磁选机作为磁铁矿精选设备。虽然在磁选机规格、给矿方式、槽体结构等方面做了大量的技术改造，但由于“磁团聚”作用，使磁选过程选择性降低，产生了磁性夹杂和非磁性夹杂，造成最终磁铁矿精矿中SiO_2含量居高不下。为了获得高品质的铁精矿，一些选矿厂选择各种全磁流程分选法，采用新型磁选设备以获得优质铁精矿，为炼铁工序提供了优质原料，促进了炼铁工序的节能减排。

1. 工艺介绍

由于常规磁选设备不能避免磁性夹杂和非磁性夹杂，所以新型高效精选和辅助设备的提铁降硅流程工业化实施，是磁铁矿全磁选工艺成功的关键。

磁选方法具有工艺流程简单、操作方便、生产成本低的优点。BX 磁选机、磁选柱等新型高效磁选设备以其明显的优势超越了传统的弱磁选设备。精矿品位提高幅度大，提高了磁性夹杂与非磁性杂质分离效率，金属回收率影响小。因此，磁铁矿全磁选工艺是当前磁铁矿进行提铁降硅的先进工艺。

2. 应用实例

下面介绍全磁选流程新工艺在本钢铁矿选矿厂的应用情况。

本钢南芬铁矿和歪头山铁矿拥有国内比较少见的易磨易选的贫磁铁矿矿石资源，其性质为低硫、低磷、高硅的单一磁铁矿。两个矿山均属前震旦纪沉积变质鞍山式磁铁矿，自然类型主要为阳起磁铁矿石英岩，其次为磁铁矿阳起岩、磁铁矿石英岩、磁铁矿白云岩、阳起磁铁矿岩；围岩主要为斜长角闪岩、阳起石英岩、阳起石片岩、阳起石榴岩等。矿石呈中细粒结构，条带状或致密块状构造。平均嵌布粒度为 70~120μm，地质品位 TFe 为 31.68%，SFe 为 29.10%，采出品位 TFe 为 29%左右，密度为 $3.4g/cm^3$，磁性率为 36%~40%。

多年的生产实践证明，本钢两个选矿厂的第一、二段磨选工序是成熟可靠的，而后部各工序包括细筛、筛下磁选、筛上自循环、过滤等，均存在效率低下、技术落后的问题，造成铁精矿指标难以提高。因此在三次磁选半成品之后进行改造是最佳的切入点，而其另一优点是不需要停产改造。综合考虑精矿质量要求、全铁回收率、流程简化、加工成本、易于生产管理，以及尽量降低生产波动等因素，最终选择细筛—高效磁选—筛上与中矿再磨普通磁选流程。

采用细筛—高效磁选—筛上与中矿再磨普通磁选流程可以获得最终铁精矿产率为 89.57%，品位 TFe 为 69.63%，SiO_2 为 3.42%，回收率为 98.57% 的良好精选指标，达到了要求的技术指标。

3. 节能减排总结

1）磁铁矿全磁选工艺无环境污染，开口少，流程短且不繁杂，具有投资少、工期短、成本低、见效快的特点。

2）根据生产经营过程中初步测算，全磁选提铁降硅新工艺使铁精矿单

位生产成本上升，但本钢入炉品位提高，焦比下降，高炉利用系数提高，最终反映到吨铁生产成本却下降了20多元，实现了提铁降硅总体目标和选矿-炼铁系统工序降低成本提高效益的目标。

二、赤铁矿阶段磨矿—粗细分选—重选（磁选）—磁选（重选）—阴离子反浮选工艺

赤铁矿石（包括磁铁-赤铁混合矿石）是我国重要的铁矿资源，也是我国难选矿石主要类型之一。20世纪60年代初期，国内主要采用焙烧—磁选及单一浮选工艺处理赤铁矿石，生产技术指标较差。后来，随着一些新工艺、新设备、新药剂的成功研制与应用，赤铁矿选矿技术取得了重大突破，工艺指标达到更高水平。

1. 工艺介绍

赤铁矿选矿工艺主要是强磁抛尾、重选、磁选、反浮选的流程，SLon立环脉动高梯度磁选机、螺旋溜槽、阴离子反浮选等高效选矿设备和技术的应用使我国赤铁矿选矿技术达到了国际先进水平。

（1）阶段磨矿—粗细分选—重选—磁选—阴离子反浮选工艺　该工艺的特点是：原矿一次磨矿后采用水力旋流器分级，粗粒级和细粒级分别处理；粗粒级采用螺旋溜槽重选，及时获得粗粒合格精矿，选矿成本低；细粒级采用弱磁选—强磁选—反浮选；确保获得好的选别指标和高品位的细粒精矿；重选中矿二次磨矿，返回旋流器分级作业。

全流程的精矿粒度组成主要以重选粗粒精矿为主，反浮选细粒精矿量较小，不像连续磨矿—强磁选—反浮选流程那样容易引起过滤困难。典型工艺流程如图3-2所示。

（2）阶段磨矿—粗细分选—磁选—重选—阴离子反浮选工艺　该工艺的流程特点是：

1）采用阶段磨选工艺。由于采用了阶段磨选工艺，减少了二段磨矿量。

2）强磁预先抛尾。强磁预先抛掉的尾矿量一般在45%以上，大大减少了后续作业入选矿量，节约了设备。与此同时，经过强磁预先抛尾后，进入后续强磁作业的矿石入选品位较高，有利于重选作业提高精矿品位。但是，相对较粗的贫连生体进入强磁精矿中，加剧了后续分级旋流器的反富集作用，对反浮选作业不利。

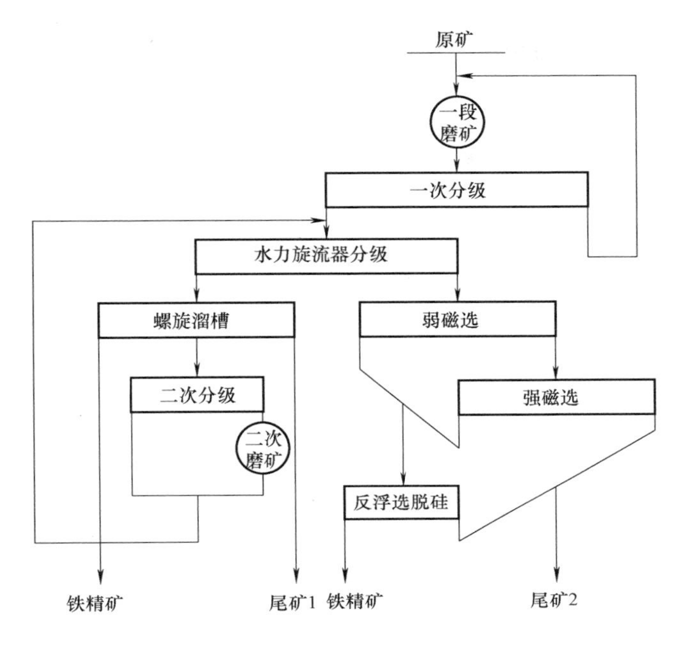

图 3-2 阶段磨矿—粗细分选—重选—磁选—阴离子反浮选典型工艺流程

2. 应用实例

下面介绍该工艺在齐大山选矿厂和红山选矿厂的应用情况。

(1) 阶段磨矿—粗细分选—重选—磁选—阴离子反浮选工艺在齐大山选矿厂的应用

1) 情况简介。齐大山选矿厂所用的矿石主要来自齐大山铁矿，齐大山铁矿矿床赋存于我国太古界鞍山群地层中，是巨型沉积变质型鞍山式铁矿床的重要组成部分。该矿铁矿储量丰富，占鞍钢炼铁用矿石量的近 1/3。齐大山矿石主要工业类型为假象赤铁矿矿石，其次是磁铁矿矿石和半氧化矿石。矿石的主要自然类型为石英型矿石和闪石型矿石。

选别流程由粗细分级水力旋流器预先分级，沉砂给入粗选、精选、扫选三段螺旋溜槽和弱磁选、扫中磁机两次磁选作业，选出粗粒合格重选精矿，并抛弃粗粒尾矿；中矿给入二次分级作业水力旋流器，沉砂给入球磨机，二段磨矿为开路磨矿，磨矿后的产品与二次分级溢流混合后返回粗细分级作业。

粗细分级水力旋流器溢流给入永磁作业，永磁尾给入浓缩机进行浓缩，

其沉砂经过一段平板除渣筛进入强磁选机，永磁精、强磁精合并给入浓缩机进行浓缩。浓缩沉砂给入浮选作业，浮选作业经一次粗选、一次精选、三次扫选选出精矿，并抛弃尾矿。重精、浮精合并成为最终精矿，扫中磁尾、强磁尾、浮尾合并成为最终尾矿。其工艺流程如图 3-3 所示。

2）工艺节能减排特点如下：

① 采用了阶段磨选工艺。由于该工艺流程采取了阶段磨矿、阶段选别工艺流程，使得该工艺流程具有较为经济的选矿成本。一段磨矿后，在较粗的粒度下实现分级入选，一般情况下可提取 60%左右的粗粒级精矿和尾矿。这大大地减轻了进入二段磨矿的量，有利于降低成本。同时，粗粒级铁精矿有利于过滤。

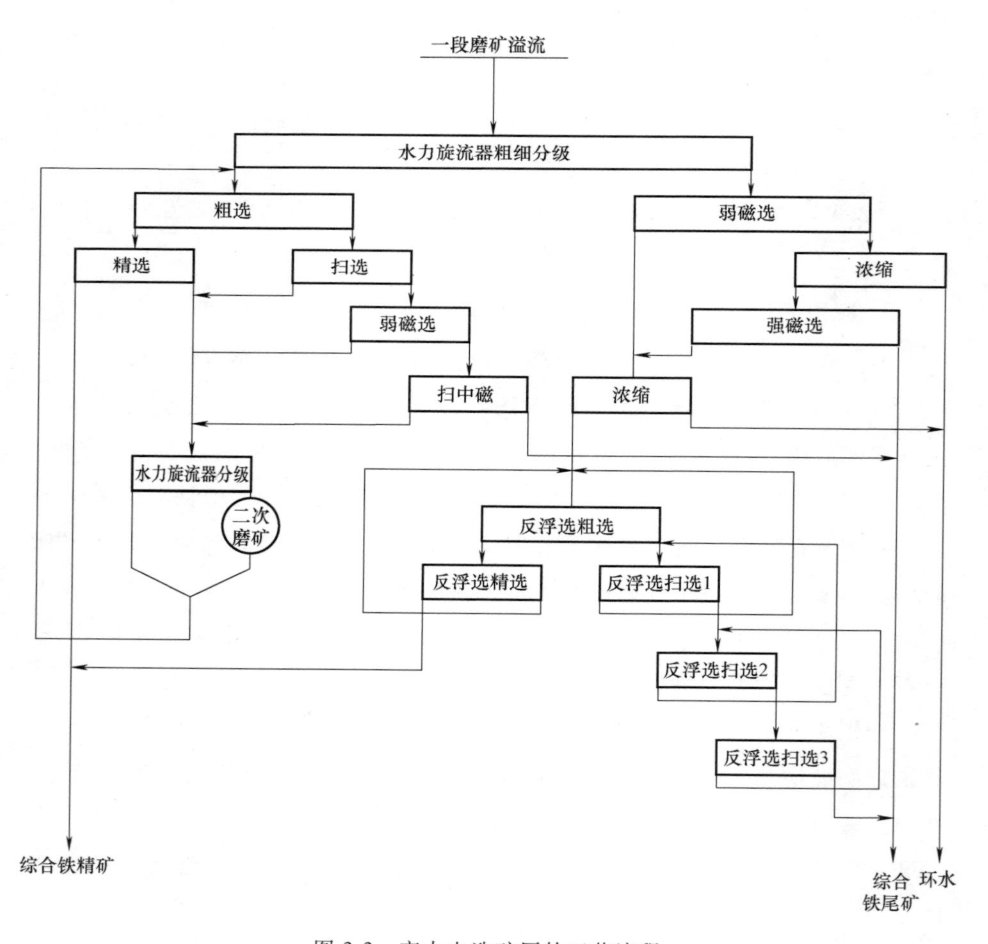

图 3-3　齐大山选矿厂的工艺流程

② 选别针对性强。矿物在磨矿过程中解离是随机的，这种过程使得磨矿粒度不等的矿物颗粒均存在解离的条件，这是粗细分级入选工艺具有较强“生命力”的重要基础之一。阶段磨矿—粗细分选—重选—磁选—阴离子反浮选工艺一次分级后的粗粒级相对好选，采用选矿效率高且相对复杂的强磁选—阴离子反浮选工艺获得精矿并抛弃尾矿。粗粒级选矿方法和细粒级选矿方法的有效组合使得该工艺流程具有经济上合理，技术上先进的双重特点。同时，重选工艺可获得含量较大、粒度较粗的精矿，有利于精矿过滤。

③ 实现了窄级别入选。在矿物的选别过程中，矿物的可选程度既与矿物本身特性有关，也与矿物颗粒比表面积大小有关，这种作用在浮选过程中表现得更为突出。因为在浮选过程中，浮选与药剂和矿物以及药剂和气泡间作用力的最小值有关，也与矿物比表面积大小有关，也与药剂和矿物作用面积的比率有关。这使得影响矿物可浮性的因素是双重的，容易导致比表面积大而相对难浮的矿物与比表面积小而相对易浮的矿物具有相对一致的可浮性，有时前者甚至具有更好的可浮性。实现窄级别入选的选矿过程，能在较大程度上杜绝上述容易导致浮选过程混乱现象的发生，从而提高选矿效率。

（2）阶段磨矿—粗细分选—磁选—重选—阴离子反浮选工艺在红山选矿厂的应用

1）情况简介。舞阳红山铁矿为类鞍山式红矿。2004 年舞阳矿业公司进入红山铁矿开发阶段，最终选择 SLon 磁选机强磁选—重选—反浮选这一工艺流程处理红山铁矿。其工艺流程如图 3-4 所示。

在红山选矿厂应用的该工艺流程中，SLon 磁选机承担脱泥抛尾、保证反浮选给矿质量和确保全流程铁回收率等重要作用。通过试验室试验和现场工艺流程调试相结合，并经过工艺流程优化改造，得到铁精矿品位在 63%以上、回收率在 58%以上的比较理想的选矿指标。

2）工艺节能减排特点。该工艺流程在重选作业能得到一部分合格的铁精矿，操作和流程简单；重选精矿与浮选精矿的混合矿过滤性好，优于单一的反浮选工艺所得的铁精矿。

三、自动化控制的浮选工艺

当前，我国 90%以上的有色金属选矿都采用浮选法。浮选是一种涉及工艺参数比较多的选矿方法。过去，浮选工艺参数一直靠人为控制操作，存在矿浆 pH 值不稳定，浮选药剂和用水量大等缺点，严重影响着企业的生产

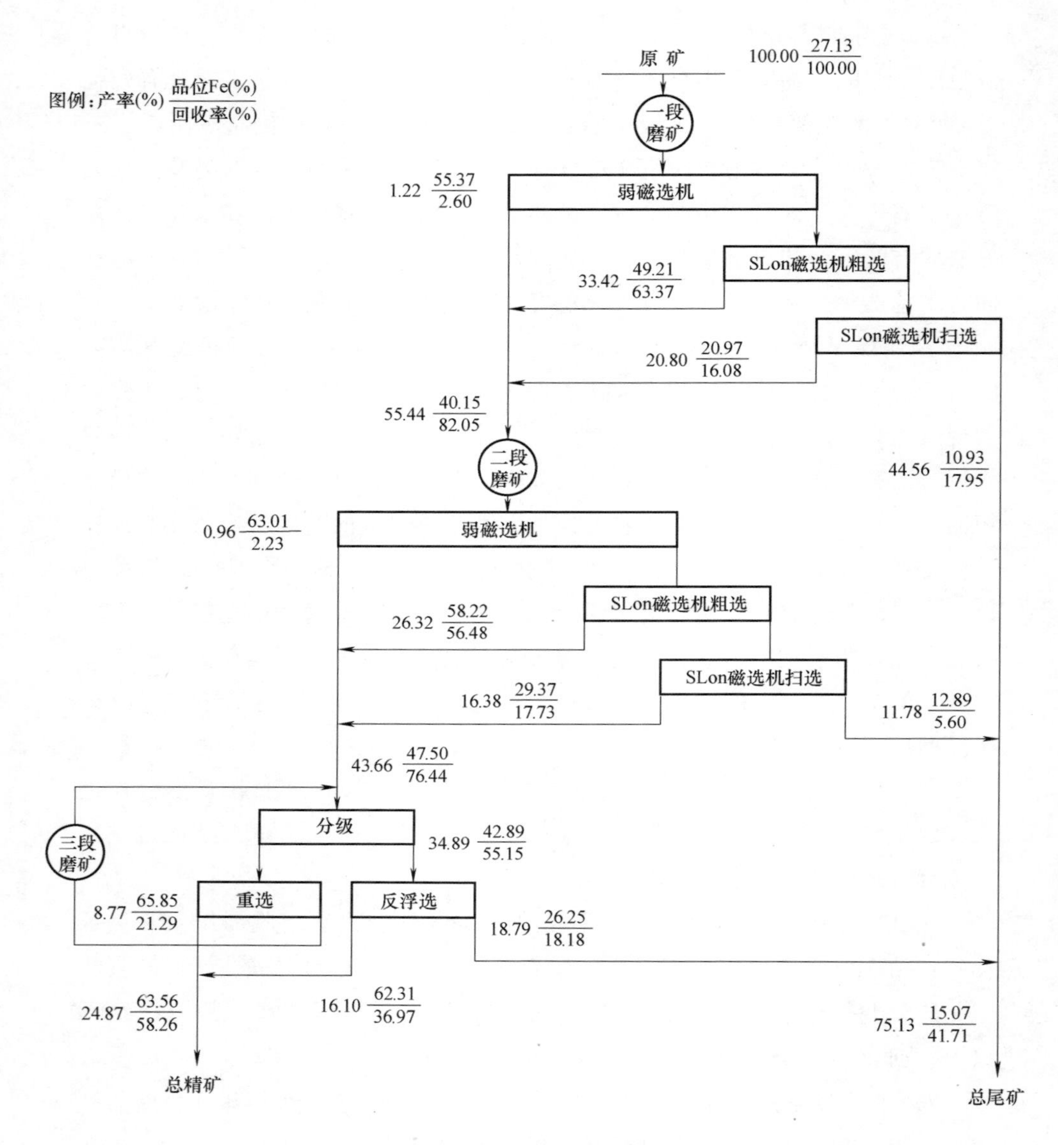

图 3-4　红山选矿厂的工艺流程

成本和产品质量。因此，将计算机技术应用于浮选工艺，对各项工艺参数进行实时动态自动检测和控制，对浮选药剂用量的优化、合理调节矿浆的浓度、有效提高选矿的各项经济技术指标、降低企业生产成本及提高产品质量有着深远的意义。

1. 工艺介绍

浮选作业的自动控制是当前国内外选矿自动化领域一个非常活跃的研究领域，随着计算机和自动控制技术的飞速发展，浮选作业自动控制已获得广泛应用。就浮选作业而言，自动控制主要是通过对影响浮选指标的关键因素的优化控制，以满足选矿回收率和精矿品位的要求。

工艺目标：通过应用计算机监测系统对浮选工艺过程中的参量进行实时动态测控，将浮选各个参量测控指标转换成电信号，再利用计算机对各个参量指标进行及时处理和存储，最终实现浮选过程的自动化监控。

浮选工艺参数测控系统原理如图 3-5 所示。该系统首先通过控制面板向 STD 工控机输入工艺参数。系统中各监测传感器按照一定的次序进行不断的扫描采集数据，并通过 A/D 转换器送入 STD 工控机。STD 工控机再根据软件设计所规定的数学模型进行计算，得出的结果与设定值加以比较，再根据比较的结果经 D/A 转换器向各相应的执行机构发出指令，通过控制阀门来调节控制对象的流量，实现实时动态监测控制，一旦有异常情况，系统则自动发出警报。STD 工控机把从面板上采集得到的各项工艺参数监测值，经数学处理将报表所需的各种数据传送给计算机，操作者可根据需要随时观察或打印出这些数据和报表。

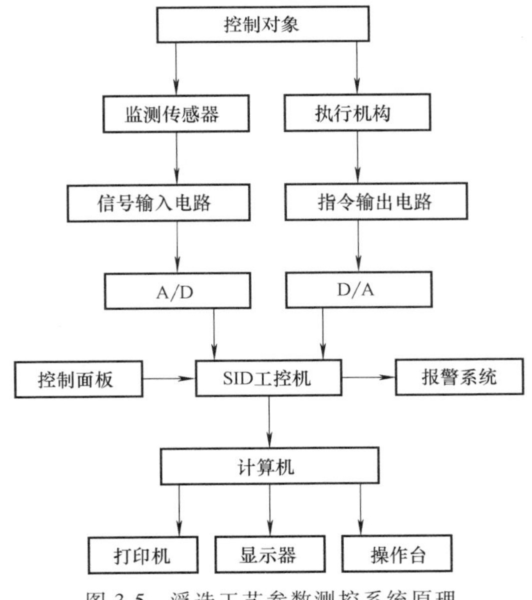

图 3-5 浮选工艺参数测控系统原理

2. 应用实例

下面介绍江铜集团德兴铜矿某选矿厂的浮选自动控制系统。

江铜集团德兴铜矿某选矿厂的年选矿能力超过百万吨，所需设备多（其浮选作业分为一期和二期两个系列，每个系列包括4套KYZ浮选柱和4套KYF-28m^3充气搅拌式浮选机），设备总占地面积达400 m^2。同时，在作业过程中需要多人同时对设备进行监控，并对工艺过程中的加药、搅拌等工艺进行手工调控，导致技术指标不稳定，降低了精矿品位和回收率。为此，该选矿厂在2011年3月开始对浮选作业进行了自动化控制改造。

（1）自动化控制系统结构　根据工艺要求，在现场浮选平台上配备就地作业控制器，可以实现系统的就地自动控制，相当于一套独立的PID控制器，并且自带人机交互界面，操作人员可以就地进行回路控制参数的设置。另外，就地控制器还配备远程通信功能，可通过Modbus协议与工程师站进行通信，进行数据读写，实现远程控制。在需要的时候，通过就地控制器内的转换开关，完成就地/远程控制方式的切换。

（2）自动化控制系统组成

1）系统硬件。浮选柱系统现场检测仪表包括超声波液位计、涡街流量计、电磁流量计。执行机构为气动调节阀，包括沉砂调节阀、充气量调节阀和喷淋水管路调节阀。浮选机系统现场检测仪表为激光测距仪，测量浮选槽内液位变化。执行机构为气动调节阀。另外，在现场浮选平台（包括浮选机和浮选柱）上，配置就地控制器，可让操作人员就近观察浮选槽液位变化，并根据需要进行相应操作。其他功能还包括实现远程/就地控制切换、就地自动控制、记录历史数据等。工程师站设在中央控制室内，包括PLC控制柜、工控机和显示器等。

2）系统软件。工程师站采用DNA控制系统平台，将所有人机界面、应用数据、控制变量等进行集成。通过上位机的人机交互界面，操作人员可以实时监控浮选过程参数数据（例如液位、流量、水量等），并通过画面对过程参数进行实时调整和操作，可以实时监控现场设备的运行状态（例如远程/就地控制、运行/停止等），并设置参数报警功能。系统还提供各个控制回路的实时曲线和历史曲线，通过曲线查询功能，用户可以了解任意时间段内设备的运行情况，给现场的生产和管理带来极大的便利。人机界面友好，简单易理解，符合现场人员的操作习惯。

3）通信方式。系统现场设备层与控制层PLC采用了两种方式通信：一

是硬接线方式，现场仪表数据直接通过硬接线接入控制层I/O模块；二是控制层与现场就地控制器通过RS485总线连接，控制层PLC从就地控制器内读取现场实时数据。

4）监控系统。为了方便操作人员实时跟踪浮选设备的运行状态，在浮选平台上安装视频监控系统。显示器置于中控室内，让值班人员在控制室内就可监控现场情况，并在出现异常情况时及时在监控画面上进行操作。

江铜集团德兴铜矿某选矿厂浮选改造工程于2011年底顺利结束，并投产运营。该选矿厂的浮选作业控制系统可实现对浮选液位、充气量等重要参数的自动控制，在中控室内通过人机交互界面实现对现场数据的实时监控、数据采集和远程管理。

3. 节能减排总结

通过对江铜集团德兴铜矿某选矿厂选矿工艺的集中监控，精细化管理铜矿石的处理过程，精矿铜品位提高0.243%，铜回收率提高1.08%，按照每年处理100万t铜矿石计算，可多产铜108t，增加年收益数百万元。另一方面，每吨矿石可以节电1.5kW·h，每年节电1.50GW·h，节省电费约百万余元。除此之外，系统每次只需要一人进行监控，再加上若干维护工人即可，有效减轻了工人劳动强度，降低了人力成本。

四、高氯咸水（或海水）替代淡水的浮选工艺

所谓高氯咸水（或海水）替代淡水浮选工艺，就是在现有磨浮流程及设备不变的情况下，在磨矿作业和浮选作业全部利用坑内高氯咸水（或海水）替代淡水进行磨矿和浮选。通过合理优化工艺作业条件及药剂条件，该工艺可达到或超过淡水磨矿和浮选的生产经济技术指标。

1. 工艺介绍

海水选矿在国外已有六十多年的经验，在我国直到20世纪70年代末期才开始进行研究及应用。1978年浙江冶金研究所进行了用海水选矿的试验，同年8月浙江岱山铅锌矿应用海水选矿。其后，1982年莱州市三山岛金矿海水选矿与1991年莱州市仓上金矿海水选矿也陆续获得成功。

高氯咸水（或海水）替代淡水浮选工艺，适用于沿海地区坑内（井下）咸水或海水丰富、淡水资源匮乏的地区。由于采矿坑内高氯咸水（或海水）的氯离子相当高，其他金属离子含量也较高，高氯咸水（或海水）的密度

大于淡水的密度，因此在试验研究过程中，着重考虑和研究坑内高氯咸水（或海水）与淡水比较对浮选回收率、精矿品位的影响，对浮选药剂使用情况的影响及对工艺流程的影响等。

生产实践表明，高氯咸水（或海水）对选矿设备虽有腐蚀，但问题可以解决，设备寿命保持在一般水平上。全海水的腐蚀程度比海水和淡水混合使用时小。国外解决高氯咸水（或海水）腐蚀的对策是：

1）磨矿机采用波纹状硬镍合金钢衬板。

2）黄铁矿再磨球磨机采用斯克卡橡胶衬板、铬铁合金筒体、锰钢提升板。

3）筛子采用不锈钢板制造。

4）管道采用不锈钢管。

5）阀门采用橡胶隔膜阀。

2. 应用实例

下面介绍海水替代淡水浮选工艺在三山岛金矿中的应用情况。

三山岛金矿矿石中主要金属矿物是黄铁矿，其次有方铅矿、闪锌矿、黄铜矿。脉石矿物以石英、长石和绢云母为主，另有少量的碳酸盐类矿物。金矿物主要是银金矿物，偶见金银矿。金矿物形态和嵌布状态较为复杂。金矿物形态是以边界平整、棱角鲜明的角粒状、长角粒状和针线状为主。金矿物以细粒显微金为主，粒度分布均小于25μm，其中70%以上小于10μm。99.8%的金矿物或包裹于黄铁矿中，或沿黄铁矿裂隙分布或与黄铁矿毗邻连生。其中，粒间金占43.3%，裂隙金占25.1%，包裹金占31.6%。

由于历年来的选矿规模的扩大以及矿石性质的变迁以及产品质量的要求，三山岛金矿海水选矿的工艺流程也有所变化与调整，但总体选矿效果均保持不错的水平。1993年初设计的生产能力为1100t/d，选矿原则流程为一次粗选、两次扫选、一次精选，选矿回收率为97%以上，精矿品位为45g/t以上；因原矿品位的提高及处理能力的增加，1998年的生产能力为1400t/d，选矿流程改造为一次粗选、三次扫选、两次精选，选矿回收率在97.2%以上，精矿品位为55g/t以上；2004年扩产到2000t/d，选矿流程为一次粗选、三次扫选、两次精选，将原精选槽改为扫选槽，新增了3槽4m^{3}的浮选槽作为二次精选槽，选矿回收率为95.5%以上，精矿品位为40g/t以上；2007年随着原矿品位的降低及生产能力增大至2600t/d，又将精选三槽改为优先浮选槽，新增二次精选系统（12台5A：一精8台，二精4台），选矿回收率

为 95.0%，精矿品位为 36g/t。

该厂 2012 年选矿生产规模达到 9000t/d，年总处理矿量 313.2 万 t，吨矿消耗水量 2.1m^3/t，年总消耗水量为 657.72 万 m^3，扣除尾矿库回水 60%，年实际消耗水量 263.088 万 m^3，利用井下海水选矿后，年可节约淡水 263.088 万 m^3，增加经济效益 1184 万元，浮选精矿品位可以达到 41.34g/t 以上，浮选尾矿品位≤0.12g/t，浮选回收率达 95.02%。

经过多年的海水选矿生产的实践及优化，三山岛金矿选矿厂的生产指标达到了较高的水平。实践证明，海水在金属选矿中的应用是完全可行的。

3. 节能减排总结

高氯咸水（或海水）选矿不但节约了矿山成本，同时对于缺少淡水的沿海地区的矿藏开采和开发、资源的综合利用以及环境保护方面有着重大的现实意义。

高氯咸水（或海水）选矿顺应了当今资源综合利用、节能与清洁生产的发展主题。经过多年的研究与应用，高氯咸水（或海水）选矿在工艺、经济指标、设备防腐、新材料的应用等方面都取得了很大的进展。实践证明，对于滨海地区水资源短缺的矿山来说，各选矿厂因地制宜，只要充分发挥高氯咸水（或海水）选矿工艺的优势，就能获取较好的经济效益、社会效益和生态效益。

五、特低品位铜矿山废石的浮选工艺

我国矿产资源的品种虽丰富，但多为禀赋差的共（伴）生矿床，矿产资源总回收率不足 40%，而共（伴）生资源的综合利用率低于 20%。全国开展综合利用的国有矿山不到总数的 10%，大量有用资源进入废石、尾矿中，形成应该但未被综合利用的二次矿产资源。

截至 2005 年，我国矿山尾矿、废石堆存数量已达约 230 亿 t，很多都未回收利用，大面积占用山林、荒地进行堆积，不仅造成环境污染、水土流失、地质次生灾害，甚至占用周边有限耕地。目前大多数矿山企业技术力量相对薄弱，科研条件较差，无能力从事废矿石回收利用工作。随着我国经济快速发展，可用矿产资源越来越少，同时全社会环保意识不断提高，资源和环境约束因素日益显现，对矿山废石的综合利用开始受到重视。

1. 工艺介绍

特低品位铜矿山废石（含铜品位为 0.15%～0.25%，含钼品位为

0.010%，含钴品位为0.010%）是露天采矿场固体废弃物。特低品位铜矿山废石的浮选工艺充分利用矿物的可浮性，采用阶段磨矿，部分混合浮选，在弱碱性介质中采用中性油作为捕收剂，先浮铜钼，再用丁黄药及丁铵黑药选钴，选钴尾矿用弱磁选机选铁，铜钼混合精矿再磨，采用硫化钠抑铜浮钼分离选，铜钴精矿再磨再选，最后得到钴精矿和铜精矿。

该工艺具有以下特点：

1）优化钢球补加方法，提高磨矿细度。针对废石的特殊性，为避免一段磨矿过程中“过磨”造成矿物泥化，影响精矿品位，在生产现场，采用磨矿介质合理装球方案及补加方案，可有效避免次生矿泥的增加，提高磨矿细度，提高精矿品位。

2）与选矿药剂厂联合研发新型选矿药剂，提高选矿技术指标。应用新型药剂Y-68、WF-003起泡剂，提高铜精矿品位和回收率，提高铜精矿中金银的含量。

3）为提高旋流器的分级效率，进一步提高磨机产能，提高各项金属选矿回收率，减少设备维护维修费用，在一段磨矿中使用了旋流器。

4）其选矿加工过程在节省能源方面处于国内先进水平。

2. 应用实例

下面介绍马鞍坪矿山废石综合利用有限责任公司的应用情况。

四川拉拉铜矿山是我国西南地区已建成的最大露天铜矿山。几十年来，该露天采矿场剥离的矿山废石堆积如山，不但占用农田、山林，造成环境污染，废石中含有的一些金属成分（质量分数）为：铜0.20%，钴0.012%，钼0.010%，铁12.5%，金$0.5\times10^{-4}\%$等，也对矿产资源造成浪费。

为此，凉山矿业于2007年4月成立会理县马鞍坪矿山废石综合利用有限责任公司，专门处理原堆存的矿山废石和每年新丢弃的采矿剔夹及剥离废石。该公司的生产规模为6000t/d，是四川省当时最大的有色金属选矿企业。

该公司处理的矿山废石中金属矿物主要为磁铁矿、黄铜矿、含钴黄铁矿、钛铁矿、辉钼矿等；脉石矿物主要有石英、钠长石、黑云母（白云母）、碳酸盐、绿泥石等。其工艺流程如图3-6所示。

该公司自2008年4月试生产至2010年底，累计处理矿山废石524.6万t，综合回收铜精矿含铜7697t，钴精矿含钴34.9t，钼精矿472.8t，铁精矿318558t，铜精矿含金201.8kg，铜精矿含银710kg。铜精矿、钼精矿、铁精矿、钴精矿产品均在有色金属行业产品的质量标准以内。通过实际生产证

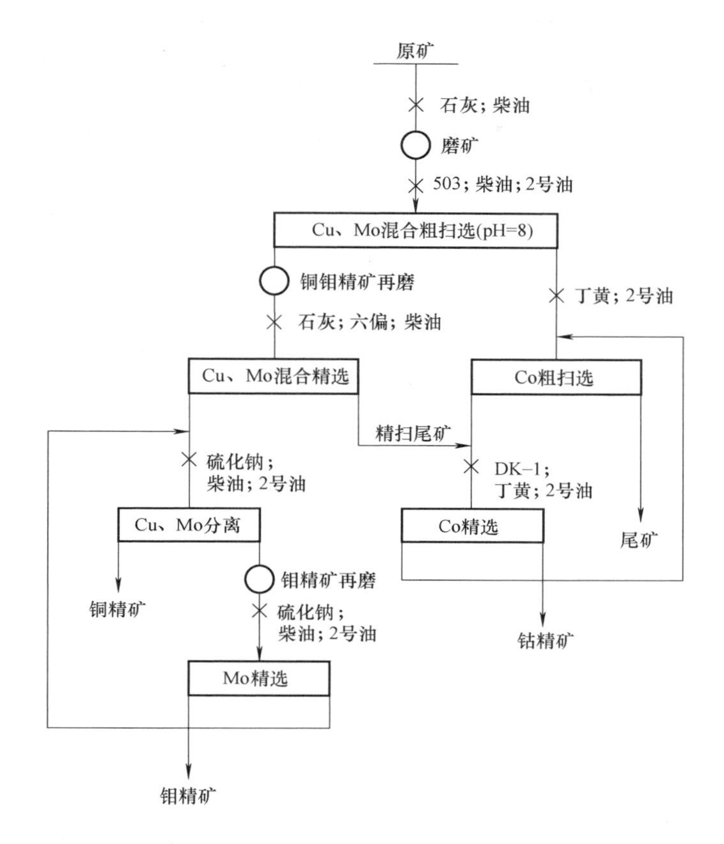

图 3-6　马鞍坪矿山废石综合利用有限责任公司的工艺流程

明其品级一流，质量稳定，完全能满足冶炼行业的需求。

3. 节能减排总结

该工艺实现了低品位矿山废石的综合利用，对解决矿山固体废弃物的再利用，提高资源利用的综合技术水平，增加企业经济效益，有效减少环境污染，释放废石堆场占地具有重要的现实作用和长远意义。

六、铅锌多金属矿的综合利用工艺

铅锌多金属矿的综合利用工艺适用于铜、铅锌等有色金属矿与其伴生元素的综合利用，并适用于矿山尾矿、废石、废水“三废”的资源化利用。

1. 工艺介绍

该工艺以铅锌多金属矿产资源高效回收、全部废物资源化利用以及矿区

生态环境有效保护为目标，结合铅锌矿共伴生铅、锌、金、银、硫、铁、锰、铜等多种有用矿物，创新研发与应用，具有适用性强、资源综合回收率高、环境友好的全产品矿山生产流程及其关键支撑技术；用开发的分流分速高浓度分步调控浮选+酸渣伴生元素渣浸+浮选尾矿脉动高梯度磁选技术，提高铅锌银回收率，实现硫铁金银锰铜有价伴生元素的综合回收利用；用开发的固体废物短流程资源化利用技术，实现尾矿和废石采矿场充填、多余尾矿脱水制砖做水泥；用开发的废水分质快速循环回用技术，实现废水的循环利用。

（1）该工艺中的一些关键技术

1）铅锌多金属矿分流分速高浓度分步调控浮选技术。针对多金属铅锌硫化矿普遍存在分离难度大、工艺复杂、有价伴生元素多、资源利用率低并且必须100%应用回水的难题，根据铅、锌硫化矿和黄铁矿浮游特性与浮选动力学的差异，发明了铅锌硫化矿分流分速高浓度分步调控浮选新技术，并开发成功了高品位硫精矿烧渣浸金银——回收铁、浮选尾矿磁选回收锰等一整套综合回收金、银、硫、铁、锰、铜的新技术，显著提高了共伴生铅、锌、金、银、硫、铁、锰、铜等有价元素的综合回收率，在铅锌多金属矿综合利用技术方面取得了重大突破。

2）金属矿山全部固体废物短流程利用技术。针对金属矿山固体废物资源化利用率低、工艺复杂、流程长、可靠性差的技术难题，研究成功了全尾砂浓缩脱水、本仓贮存与流态化造浆一体化的制备工艺，以及结构流体自流输送至井下充填工艺；实现尾砂和全部采掘废石不出井直接用作充填骨料进行采矿场充填，充填剩余的尾矿制成水泥原料或制砖，实现了全部尾砂与废石资源化利用。

3）选矿厂废水无排放快速分质循环利用技术。针对多金属矿选矿废水污染环境、回用对选矿指标影响大的难题，研发出了铅锌硫等各自选别回路的废水快速分质循环回用技术，以及剩余总尾水处理并与选矿工艺相匹配的循环利用技术，从而实现了全部废水无排放的资源化利用，既消除了环境污染，又改善了选矿指标，使废水中的药剂得到高效重复利用。

（2）典型工艺流程　典型工艺流程如图3-7所示。其特点如下：

1）建设全尾砂胶结充填系统，将尾矿加水泥进行采矿场充填。

2）建设与采掘废石相配套的井下废石充填系统，使废石不出井，直接用于采矿场充填。

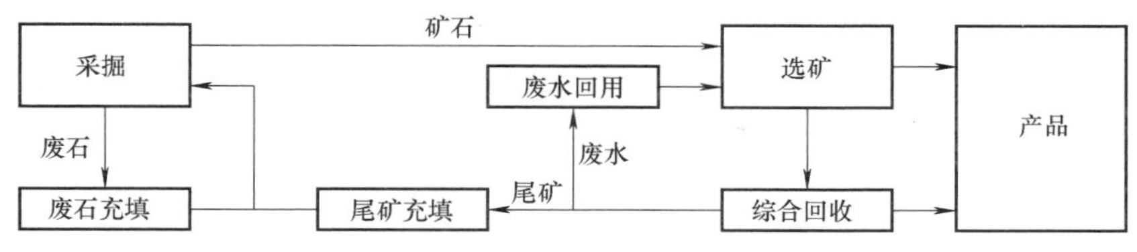

图 3-7 铅锌多金属综合利用的典型工艺流程

3）改造铅锌硫选矿流程，改变药剂条件，增加快选铅、快选锌、快选硫，增加铅尾、锌尾浓缩，实现高浓度选铅、锌、硫，提高铅、锌、硫回收率；增加铜铅分离流程，实现伴生铜的综合回收；采用分流分速高浓度分步选高品位硫精矿工艺，并把锌尾中金银富集到硫精矿中，提高硫、铁选矿回收率，再对硫酸厂焙烧系统进行改造，满足高品位硫精矿焙烧需要，建设酸渣浸金银厂，实现硫、铁、金、银高效综合回收；增加脉动高梯度选锰流程，实现尾矿中锰的综合回收。

4）建设尾矿浓缩过滤脱水系统，将充填多余尾矿过滤脱水用于尾矿制砖和做水泥。建废水处理回用系统，对废水进行分质快速回用。

2. 应用实例

下面介绍南京栖霞山锌阳矿业有限公司的应用情况。

南京栖霞山锌阳矿业有限公司的铅锌矿地处长江南岸，是华东地区最大的铅锌硫银有色金属中型矿山。其选矿厂处理高硫铅锌矿，产出选矿废水及尾矿等矿渣。为了矿山能够可持续发展，应用了铅锌多金属矿综合利用工艺。

（1）硫化矿电位调控浮选　该选矿厂采用了浮选新工艺——硫化矿电位调控浮选清洁利用新技术。经过工艺流程结构和药剂制度的不断完善，采用新工艺后（2003 年 5—9 月），铅精矿品位和回收率分别提高 10.7%和 4.1%，锌精矿品位和回收率分别提高 0.7%和 4.9%，硫精矿品位和回收率分别提高 0.8%和 9.1%。

（2）选矿废水的处理与回用　该选矿厂每天总用水量为 5900m^3，3 种精矿产品及尾矿充填等带走 500m^3，最终产生 5400m^3的废水。选矿废水由 5 股废水混合而成，它们分别是铅精矿溢流水、锌精矿溢流水、硫精矿溢流水、锌尾浓缩水和尾矿水。选矿混合废水中含有较复杂的各种选矿药剂成分和多种重金属离子，处理难度较大，而选矿生产每天还需要补充 5900m^3的新鲜水。根据清洁生产的原则，最佳的办法莫过于找到一种可行的废水回用

工艺，这种工艺既能使废水得到全部回用，又能保证生产工艺的最优化运行。为达到此目的，经过大量的水处理试验和选矿对比试验研究，并结合各种实用的废水回用技术，最终提出了部分废水优先直接回用，其余适度净化处理后再回用，全部废水回用于选矿生产的方案。其工艺流程如图 3-8 所示。

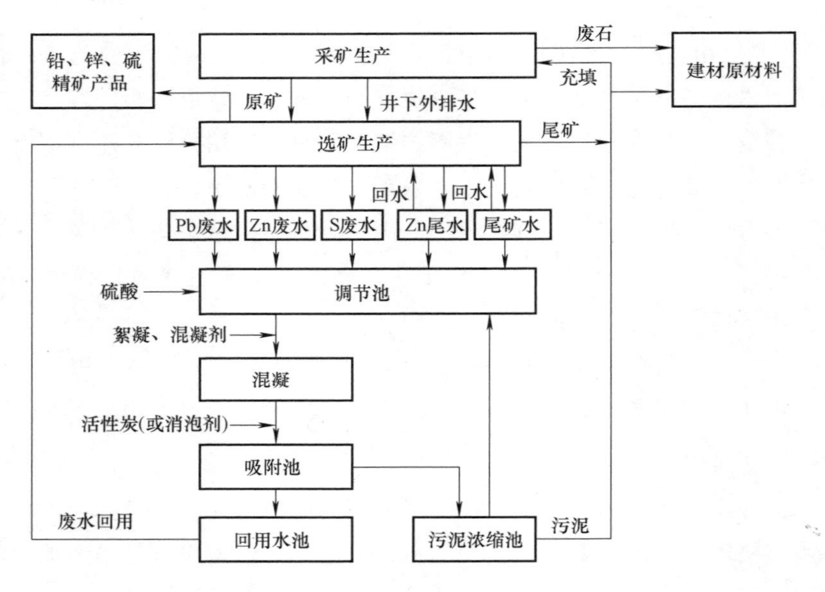

图 3-8　废水回用工艺流程

从图 3-8 可以看出，尾矿浓缩废水和锌尾水主要可直接回用于选矿工序中的选硫作业，其余类型的废水需经过处理后再回用。处理方法为混凝、吸附工艺。吸附的沉淀物经浓缩后作为采矿区充填料或建材原材料，其中吸附介质采用活性炭。

(3) 选矿尾矿处理和利用　该选矿厂每天产出选矿尾矿约 400t，由于不像别的选矿厂那样建有尾矿库，产出的尾矿无法储存和净化处理。20 世纪 80 年代前，选矿的尾矿是经长江排放的，给长江造成了严重的污染，为此每年都要交几十万元的排污费。近年来通过研究，找到了一条解决矿山尾矿问题的最佳方案：最大限度地提高选矿回收率，以降低尾矿产率；对尾矿进行分级处理，粗粒尾砂代替水砂打坝，细粒尾矿用于井下胶结充填；部分全尾矿浓缩脱水后外销用作水泥辅料，从而实现了尾矿固体废物的零排放。该方案不但实现了矿产资源的有效合理利用，也消除了尾矿废渣对环境的污

染，做到了矿山开采和保护环境的有机统一。固体废弃物回用工艺流程如图3-9所示。

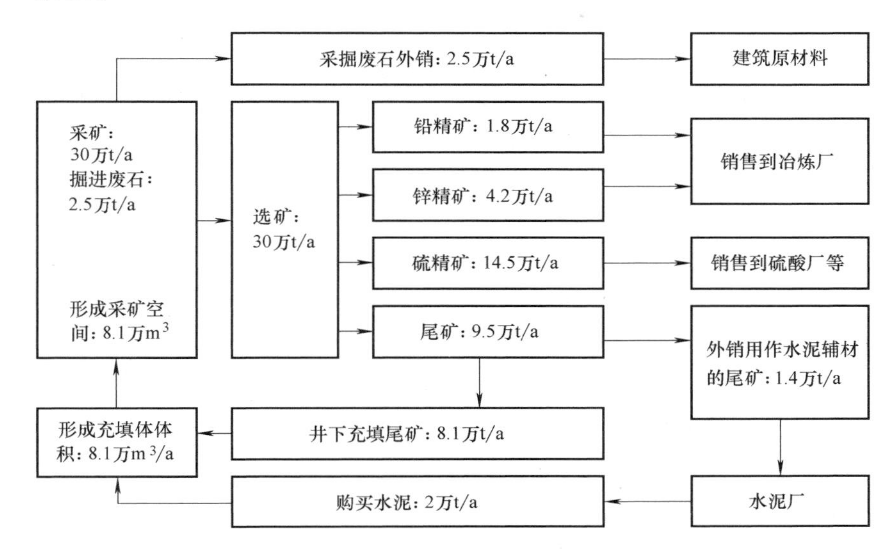

图3-9 固体废弃物回用工艺流程

3. 节能减排总结

该综合利用工艺不仅大幅度提高了共伴生有价元素的选矿回收率，而且实现了选矿尾砂、废石与废水全部资源化利用，建成了高效利用多金属矿产资源和全部矿山废物，无尾矿、废石、废水排放和无地表破坏的示范矿山，彻底改变了传统的制造矿产品与排放废物的金属矿产资源开发方式，促进了矿业可持续协调发展。

参考文献

[1] 孙传尧. 矿产资源高效加工与综合利用——第十一届选矿年评：上册 [M]. 北京：冶金工业出版社，2016年.

[2] 沈政昌. 浮选机理论与技术 [M]. 北京：冶金工业出版社，2012年.

[3] 赵瑞敏. 3种新型高效磁选机的研制与应用 [J]. 金属矿山，2011 (1)：104-108.

[4] 王强. 浅谈磁选柱在磁选厂的使用 [J]. 有色矿冶，2005，21 (2)：45-46.

[5] 章正华，刘秉裕，朱小著，等. 裕丰磁选柱在各大选矿厂的应用 [J]. 现代矿业，2011 (5)：111-112.

[6] 张颖新，雷晴宇，于岸洲. 磁筛应用于八台铁矿选矿厂的试验研究 [J]. 金属矿山，2013 (2)：115-117.

[7] 雷晴宇，王建业，于岸洲，等. 磁铁矿低弱磁场精选新设备及应用现状 [J]. 矿产保护与利用，2006 (3)：37-41.

[8] 张艳娇，刘广学，赵平，等. 节能降耗设备磁筛在磁铁矿精选中的应用 [J]. 矿产保护与利用，2009 (3)：27-30.

[9] 曾尚林，曾维龙. 国内外高梯度磁分离技术的发展及应用 [J]. 矿冶工程，2009，29 (6)：53-56.

[10] 熊大和，刘建平. SLon 脉动与振动高梯度磁选机新进展 [J]. 金属矿山，2006 (7)：4-7，47.

[11] 沈政昌，卢世杰，刘桂芝. 浮选机节能技术研究的新探索 [J]. 有色金属（选矿部分)，2001 (5)：14-18.

[12] 刘子龙，杨洪英. 特大型 $320m^3$ 浮选机在某铜钼矿的应用实践 [J]. 有色金属（选矿部分)，2014 (4)：80-83.

[13] 沈政昌. 浮选机理论与技术 [M]. 北京：冶金工业出版社，2012.

[14] 张兴昌. CPT 浮选柱工作原理及应用 [J]. 有色金属（选矿部分)，2003 (2)：21-24.

[15] 王冲，CPT 浮选柱在铜选厂的应用实践 [J]. 云南冶金，2014，43 (1)：25-32.

[16] 赵瑞敏，刘惠中，董恩海. BKY 型预选磁选机与 BL1500 螺旋溜槽应用于某铁矿的可行性研究 [J]. 有色金属（选矿部分)，2009 (5)：38-41.

[17] 冯立伟，刘绪光. 提高某铜镍矿石洗矿矿浆镍回收率的工业实践 [J]. 中国矿山工程，2010，39 (6)：1-4.

[18] 邵安林. 鞍山式铁矿石选矿理论与实践 [M]. 北京：科学出版社，2013.

[19] 李有臣. 全磁选流程提铁降硅新工艺新设备研究与实践 [J]. 金属矿山，2006 (11)：30-34.

[20] 李富平，赵礼兵，李示波，等. 金属矿山清洁生产技术 [M]. 北京：冶金工业出版社，2012.

[21] 田祎兰，刘清高，任爱军，等. 铁矿选矿工艺研究现状与发展 [G] //孙传尧，敖宁，刘耀青. 复杂难处理矿石选矿技术——全国选矿学术会议论文集. 北京：冶金工业出版社，2009.

[22] 钱枝花，欧阳玲玉. 磁—浮工艺在舞阳红山选厂的应用 [J]. 江西有色金属，2008，22 (2)：12-15，41.

[23] 单爽. 计算机在浮选工艺测控中的应用 [J]. 有色冶金节能，2009 (6)：41-43.

[24] 范凌霄. 德兴铜矿某选厂浮选自动控制系统 [J]. 有色金属工程，2013 (1)：46-48.

[25]　谢敏雄. 海水选矿在三山岛金矿的应用研究 [J]. 有色金属工程，2012 (1)：29-31，48.

[26]　王孝武，孙水裕，戴文灿. 铅锌硫化矿浮选清洁生产的应用研究 [J]. 矿业安全与环保，2006，33 (1)：46-48.

第四章 精矿及尾矿处理作业的节能减排技术

矿石经过选别作业处理后，除去了大部分的脉石与杂质，使有用矿物得到富集的产品称为精矿。精矿是选矿厂的最终产品，有时也称为最终精矿，通常作为冶炼的原料。最终精矿要使其主要成分及杂质含量都达到国家标准，才能称为合格精矿。原矿经过选别作业处理后，其主要成分已在精矿中富集，有的经过综合处理后，矿石的次要成分或其他伴生金属也得到回收。因此，剩余的部分产物则含有用成分很低，这部分产物称为尾矿（或称为最终尾矿）。应当指出，在尾矿中仍然含有受目前技术水平限制而难以提取的有用成分，但将来有可能成为再利用的原料。因此，一般都将尾矿堆放在尾矿库保存起来。

第一节 概　　述

选矿企业的选矿产品可分为精矿和尾矿两大类。一般来说，精矿质量很少，大部分是尾矿产品。精尾矿处理作业主要包括脱水、运输和尾矿安全排放等工序。

1. 脱水工序

绝大多数的选矿产品都含有大量的水分，这对于运输和冶炼加工都很不利。因此，在冶炼和运输前，需要脱出选矿产品中的水分。选矿厂中涉及脱水生产部分，可以依次分为浓缩、过滤和干燥作业。从理论上说，脱水生产阶段最终目的是将固液两相完全分开，获得相应的纯净固体和液体。

（1）浓缩　浓缩是在重力或离心力的作用下，使选矿产品中的固体颗粒发生沉淀，从而脱去部分水分的作业。浓缩一般在选矿设备浓缩机中进行。

（2）过滤　过滤是使矿浆通过透水而不透固体颗粒的间隔层，达到

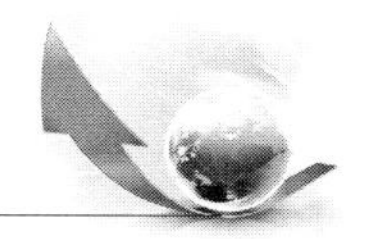

固液分离的作业。过滤是浓缩后的进一步脱水作业，一般在过滤机上进行。

(3) 干燥　干燥是脱水过程的最后阶段。它是根据加热蒸发的原理减少产品中水分的作业，但只在脱水后的精矿还需进行干燥时采用。干燥作业一般在干燥机中进行，也有采用其他干燥装置的。

脱水设备的选用应根据矿物所含水分的类型、矿物特性、矿物加工精度、经济性等诸多方面进行综合考虑。近些年来，脱水设备正向着大型化、可靠性好、精度高、脱水效果好、维护方便、易损件少、使用周期长等方向发展。脱水工艺流程的选择，主要根据对固液分离后的物料水分或浓度要求、物料的粒度差别以及物料与水的结合状态来确定。

2. 运输工序

尾矿输送系统是选矿厂安全生产的重要组成部分，也是企业的重要环保设施之一。其运行状况的好坏不仅直接影响企业的正常生产和经济效益，还会对周边环境造成影响。在选矿设备中，尾矿系统耗电量较大，对设备本身性能要求较高。在实际运行过程中，提高输送设备的运行效率，降低成本，减少废水废物排放，是运输工序节能减排的主要方向。

用管道作为输送工具已有130多年的历史。管道运输是实现大运量、高效率、无空行程而稳定的单向某种物质远距离输送的运输方式。这种运输方式与铁路、公路和水路运输相比，有投资少、见效快、经济效益高和有利于环境保护等优势，在各国矿业系统得到了迅速发展，而且积累了很多实用的、效果很好的经验。一些国家的矿物输送管道情况见表4-1。

表4-1　一些国家的矿物输送管道情况

输送矿物	所在国家和地区	输送距离/km	输送量/(10^4t/d)	管道/mm
煤炭	(俄罗斯)诺沃林斯克	61	180	305
	(美国)俄亥俄	174	125	254
	(美国)黑方山	440	480	458
石灰石	(英国)拉格比	91	170	254
铜精矿石	(印尼)西伊里安	112	30	102
	(美国)亚利桑那	18	40	102

（续）

输送矿物	所在国家和地区	输送距离/km	输送量/(10^4t/d)	管道/mm
铁精矿石	(墨西哥)平那科罗拉达	48	180	203
	(澳大利亚)塔什马尼亚	85	250	230
磷矿石	(美国)坦帕佛罗里达	3	600	406
金矿尾矿	(日本)秋天大馆	68	60	305
黑沥青	(美国)犹他	115	38	152
高岭土	(美国)佐治亚	26	60	203
金矿尾矿	(南非)阿伦里奇	35	105	230

在国外，长距离浆体管道输送已被认为是一种经济、有效、技术上成熟、可靠的先进运输技术。就我国冶金矿山来说，这一运输方式是开发边远山区矿产资源或缓解铁路运输紧张状况、解决精矿外运和尾矿排放的有效方法。近年来，浆体管道输送已成为我国冶金矿山基本建设设计中精矿外运或老矿山技术改造尾矿排放的主要方式之一。

输送作业节能设备设施主要是指局部流态化工业矿浆仓、隔离式浆体泵和陶瓷内衬复合钢管。

3. 尾矿安全排放

选矿厂排出的尾矿是在特定的经济技术条件下，从碎磨的矿石资源中提取有用成分后排出的废弃物，包括浆体尾矿、膏体尾矿和滤饼尾矿。此处所说的尾矿安全排放，主要是指在保障人类生命财产安全，以及保证所处自然环境（主要指土地、大气等生态）安全的情况下，将尾矿从选矿车间输送到外部环境的过程。

尾矿中含有一定数量的有用金属、非金属矿物，可视为一种“复合”的硅酸盐、碳酸盐等矿物材料，有粒度细、数量大、污染和危害环境的特点，是一种潜在的二次资源。因此，尾矿具有二次资源与环境污染双重特性。开展尾矿综合利用和减排的工作，使之变废为宝，化害为利，实现“低开采、高利用、低排放”的目的，可有效缓解资源和环境的双重压力。

目前国内外尾矿资源化的途径主要有以下几种：

1）尽量做好尾矿资源有用组分的综合回收利用，采用先进技术和合理工艺对尾矿进行再选，最大限度地回收尾矿中的有用组分，进一步减少尾矿数量。

2）将尾矿用作矿山地下开采采空区的充填料，即水砂充填料或胶结充填的集料。

3）将尾矿用作建筑材料的原料，制作水泥、硅酸盐尾砂砖、加气混凝土、耐火材料、陶粒、混凝土集料、溶渣花砖和泡沫材料等。

4）用尾砂作为修筑公路的路面材料、防滑材料以及海岸造田材料等。

5）在尾矿堆积场上覆土造田，种植农作物或植树造林。

6）利用尾矿加工植物生长有机肥等。

本章主要从尾矿充填和尾矿生产新型建材（大宗利用）等方面说明尾矿安全处理阶段的节能减排技术。

第二节　精尾矿处理作业的节能减排设备

一、高压浓缩机

浓缩机工作时主要是利用重力沉降原理将矿浆中的固体颗粒分离出来，从而实现固液分离。该领域的研究者们对其进行了大量的研究，使得浓缩机在理论上经历了一个非常复杂的变化过程，同时又不断地将浓缩理论应用到实践当中，设计制造了各种类型结构的浓缩机，从而加快了浓缩理论及设备的发展步伐。跟随实际的需要，国内外出现了从传统浓缩机向深锥浓缩机再向新型高效浓缩机的转变。现代浓缩机已经开始以传统浓缩机为基础，以新型浓缩机为方向，不断优化结构、性能，类型趋于合理，系列规格逐渐完善，向着高性能、高处理量和高度自动化方向发展。

1. 节能减排特点

人们在生产实践过程中发现，浓缩进入到压缩阶段，浓缩过程由固体颗粒的沉降变为水从浓相层中挤压出来的过程。普通浓缩机中，浓相层是一个均匀体系，仅依靠压力将水从浓相层挤压出来是一个极为困难和漫长的过程，采用絮凝浓缩，尽管固体颗粒的沉降速度大幅度提高，但由于受到压缩过程的制约，浓缩机的处理能力也难以提高。通过改进浓缩机的池体结构，改变两相流运动状态，提高沉降效率；通过在浓相层中设置一特殊的搅拌装

置，破坏浓相层中平衡状态，造成浓相层中低压区，这些低压区成为浓相层中水的通道，由于这一水的通道的存在，使浓缩机中压缩过程大大加快。

长沙矿冶研究院根据这一分析方法研发出来了新型的高效浓缩机——HRC 型高压浓缩机。HRC 型高压浓缩机充分发挥浓相层的过滤、压缩及提高处理能力作用，具有高效浓缩机的大处理量以及深锥浓缩机具有的高沉砂浓度的综合优点。

HRC 型高压浓缩机的节能减排特点如下：

1）设备采用多头传动，传动转矩大，效率高。

2）设备处理能力大，最大处理能力比常规浓缩机提高 3~10 倍。

3）具有消能、混合浆体装置，充分发挥絮凝剂的絮凝作用。

4）优化设计浓相层深度，确保沉砂排矿稳定，实现高浓度。

5）优化设计底锥及耙架结构，确保浓浆自卸、畅通排出。

6）澄清区较深，便于装配斜管设施，确保溢流水质达标。

2. 应用实例

（1）酒钢（集团）选矿厂扩建弱磁精矿提质降杂浓缩系统

1）情况简介。酒钢（集团）选矿厂生产能力为年处理原矿量 650 万 t，其中年处理块矿 374 万 t，粉矿 276 万 t；铁精矿产量为 333.5 万 t/a；综合精矿品位为 52.5%，金属回收率为 78.53%，全选比为 1.949 倍。为了提高综合精矿品位，扩建弱磁精矿提质降杂浓缩系统。为提高和稳定浮选给矿浓度，需对二次精矿再磨精矿产品和扫选 Ⅰ 中矿进行浓缩脱水处理。

浓缩的物料由弱磁二次精矿再磨精矿产品和扫选 Ⅰ 中矿组成，其矿浆特性：给矿量为 377.14t/h，体积量为 1605.2m^3/h，给矿的质量分数为 19.96%，细度为-43μm 占 85%（相当于-74μm 占 95%），矿石密度为 4.05t/m^3。浓缩处理物料浆体体积量大，细度较细，要求浓缩沉砂的质量分数平均值达到 35.0%±3%，系统采用 1 台 HRC-Z-25 型高压浓缩机进行浓缩处理。

2）主要节能减排特点如下：

① 将 HRC-Z-25 型重载高压浓缩机应用于微细红矿（-74μm 占 98%）浓缩，实现处理能力大于 370t/h。

② 在自然浓缩条件下，实现了溢流水分小于 150×10^{-4}%（质量分数），为微细红矿（-74μm 占 98%）浓缩处理开辟了新的途径。

（2）杨家坝铁矿尾矿浓缩系统的扩能改造

1）情况简介。杨家坝铁矿矿石为磁铁矿，原矿品位为24%，磨矿细度为-74μm占71.08%。原矿年处理量90万t/a，尾矿64万t/a。磁选后尾矿用2台φ53m普通浓缩机处理，普通浓缩机给矿的质量分数为6%～10%，沉砂的质量分数为15%～19%。

从物料沉降性能来看，沉砂的质量分数可以达到30%以上。但针对该类型物料，现生产工艺采用普通浓缩机浓缩脱水，难以实现高浓度排放。主要是设备结构的原因，在浓度高时沉积物料流动性差，设备负荷大幅增加，导致高浓度排放易造成压耙。

选矿厂扩能改造后，原矿年处理量增至135万t/a，尾矿量达到96万t/a，浓缩系统扩能改造采用1台HRC-28型高压浓缩机替代2台φ53m普通浓缩机，2010年10月投产，实现处理能力为100～120t/h，沉砂排放的质量分数为35%～45%。

2）节能减排特点。高压浓缩机与普通浓缩机相比，处理能力提高6～8倍，输送浓度提高135%。该工程的成功实施为冶金矿山扩能、节能减排起到工程示范效应。

二、陶瓷过滤机

陶瓷过滤机属于新一代的选矿脱水设备，它集机电系统、自动化控制系统和微孔陶瓷等技术为一体，在现代矿山、冶金、化工等行业中得到了广泛应用。

1. 节能减排特点

陶瓷过滤机是高效节能的真空抽滤设备，它与普通的真空圆盘式过滤机工作原理和外形结构基本相似，根本的区别在于过滤介质的不同。陶瓷过滤机取代了普通真空圆盘过滤机的滤布，采用了多孔陶瓷过滤板来作为过滤的介质，使设备的性能发生了突破，在有色金属、钢铁以及化工等行业的固液分离方面得到了广泛的应用。陶瓷过滤机主要由主机、清洗装置、脱水装置以及计算机自动控制系统所组成。

该设备的主要节能减排特点如下：

1）陶瓷过滤机的过滤原理是基于微孔陶瓷的毛细作用，产生了几乎绝对的真空，获得了很干燥的滤饼。得到的没有游离固体微粒的清澈滤液，可以回用或排放。其独特的圆盘是由若干块陶瓷过滤板组成，在抽真空时仅液

体能流过。因为毛细孔含水后的张力大于真空泵的抽力，微孔能延续液体抽滤。

2）微孔陶瓷的优点是没有空气穿过过滤板。陶瓷过滤板表面不允许空气穿过，从而消除了空气流动，很小的真空泵即可保持陶瓷过滤板内部的真空要求，因此能耗极低；而维持空气流动，需要大量能耗，而且也污染空气。

2. 应用实例

下面介绍陶瓷过滤机在金渠金矿选矿厂生产中的应用情况。

金渠金矿矿区矿石类型系硫化物含金石英脉矿石，金属矿物以黄铁矿、黄铜矿为主，其次有少量的方铅矿、闪锌矿、磁铁矿、铜蓝、褐铁矿、自然金、银金矿。脉石矿物以石英为主，其次为重晶石、方解石等。矿石性质复杂，其浮选金精矿细度为-74μm 占 75%以上，-37μm 占 20%以上，精矿中微细粒级含量较高、矿浆黏度大是影响过滤的主要原因。精矿粒度分级结果见表 4-2。

表 4-2 精矿粒度分级结果

粒度/μm	质量/g	质量分布率(%)	累积分布率(%)
≥124	22	4.4	4.4
89～<124	60.5	12.1	16.5
61～<89	74.5	14.9	31.4
53～<61	54	10.8	42.2
44～<53	99	19.8	62.0
38～<44	85.5	17.1	79.1
<38	104.5	20.9	100.00
合计	500	100.00	100.00

金渠金矿选矿厂于 1990 年 10 月建成投产初期，过滤作业采用 SW-5 过滤机 2 台。因处理量小，能耗大等原因，于 2001 年改造安装了 XAZ100/1250 压滤机 1 台，经过 6 年多的使用，存在设备故障率高，滤饼水分逐年升高，矿石黏度大，需人工卸料，成本高等诸多弊端。2008 年 5 月金渠金矿选矿厂决定对过滤系统进行改造，基于陶瓷过滤机良好的工艺性能和现场使用效果，在压滤车间安装 1 台江苏凯胜德莱环保有限公司生产的 KS 系列

脱水全自动陶瓷过滤机，通过近半年的使用证明效果良好。其过滤效果见表4-3。

表4-3　陶瓷过滤机的过滤效果

日期	矿浆的质量分数(%)	矿浆细度(-74μm)(%)	液位(%)	水分(质量分数,%)	处理能力/[kg/(m²·h)]	备注
8月25日	51	73	80	14.2	189	精矿含矿泥大
8月26日	49	71	80	16.5	210	
8月27日	53	76	80	14.5	185	
8月28日	55	75	80	12.0	203	
8月29日	48	77	80	13.5	214	
8月30日	55	76	80	14.0	203	
9月1日	51.5	77	80	14.0	198	精矿含矿泥小
9月2日	55	78.5	80	14.8	155	
9月3日	53.8	79	80	15.0	160	
9月4日	60	70	80	12.3	222	
9月5日	60	72	80	13.0	211	
9月6日	62	70	80	14.5	212	
9月7日	63	73	80	12.0	234	
9月8日	63	74	80	11.0	196	
9月9日	61	71	80	12.6	195	
9月10日	59	70	80	13.2	192	

3. 节能减排总结

陶瓷过滤机与传统过滤方法相比，具有以下节能减排特点：

1）处理能力大，滤饼水分较低。1台KS-15陶瓷过滤机相当于XAZ100/1250压滤机2台。如果给矿的质量分数在50%以上，处理能力可以达90t/d，滤饼水分小于15%（质量分数）。

2）节能效果好，生产成本低。据初步核算，处理精矿的生产费用比压滤机至少低50%。

3）陶瓷过滤机能将微细粒级精矿过滤出去，这是压滤机或圆筒过滤机所无法做到的。因此，使用陶瓷过滤机能有效地减少微细粒级精矿在浓缩机与过滤机之间的循环，即减少微细粒级精矿在浓缩机溢流水中的流失。

4）陶瓷过滤机运行可靠，因连续自动操作，结构简便，操作维护方便，自动化程度高，环保效果好，大大减轻了工人的劳动强度。

5）陶瓷过滤机的过滤液清澈度与自来水相当，可作为陶瓷过滤机本身清洗用水，节约了清水，环保效益非常好。同时比其他过滤设备节电70%。

三、美卓VPA过滤机

在所有美卓公司生产的过滤设备中，VPA压滤机是一款重载机械，它主要用于金属矿物、工业矿物、煤以及尾矿材料的过滤。

1. 结构特点与节能减排特点

随着矿物粒度的细化，脱水的阻力增加，重力脱水不再适用，必须采用压力脱水。机械式压力脱水就是在固体滤饼的两侧制造压差，使固体颗粒间的液体受压而被挤出。

美卓VPA压滤机既可以进行压榨脱水，也可以把压榨和吹气干燥相结合进行脱水。

（1）VPA压滤机的结构特点　VPA压滤机主要由预制的头架和尾架及把二者连接起来的两根侧梁构成，侧梁支撑着活动头板（施压件）和过滤板，过滤板安装在固定头板和活动尾板之间。该机采用牵引式液压缸打开和关闭过滤室，并提供过滤期间必需的闭合力。VPA10系列有两个液压缸，两侧各有一个；VPA15和VPA20系列各有四个液压缸，两侧各有两个。

VPA压滤机的滤布套挂在管状撑杆上并从滤板之间悬垂下来。安装了振动电动机的上机架支撑着滤布撑杆，必要时振动电动机会在卸饼后启动振动滤布，确保滤布上残存的滤饼全部脱落。该机的过滤板互相连接在一起一直连接到活动头板，以便过滤板能像手风琴一样逐块打开，并确保打开过程中过滤板之间的间隙准确。同样，滤布撑杆也连接在一起，以确保滤布始终在两块滤板的中间。

滤布撑杆上还装有喷嘴兼作喷水管用，滤布冲洗水通过固定式总管和柔性软管供给。由于喷嘴的位置在两块滤布之间，所以滤布冲洗水被两块滤布所包裹，不会出现过喷现象。

VPA压滤机的过滤板为立式布置，滤饼采用压力脱水和吹压缩空气进

行干燥。该机的工作压力通常是7~10bar（$1bar=10^5Pa$），是用于矿物精矿脱水的标准机型。VPA压滤机采用隔膜技术，压缩空气使隔膜鼓胀挤压滤饼排出水分，脱水循环时间通常较短，最短的仅需6min。

（2）VPA压滤机的节能减排特点　近年来，过滤脱水技术的发展突飞猛进，环保意识的增强已经成为主要的驱动力，能源成本和人工费用的增加也对过滤设备的运行效率和自动化水平提出了更高的要求。VPA压滤机具有性能优良、自动化程度高和总运行成本低的优点，具体表现在以下几点：

1）设备结构简单。采用固定悬挂式滤布，滤布更换快捷、便利，更换一个过滤室的滤布只需要1min。由于活动部件少，VPA压滤机的备品备件和磨耗件成本低，通常比其他压滤机约低50%；

2）设备结构紧凑，质量小。采用牵引式液压缸，使得支撑框架的质量小；采用聚丙烯材质过滤板，化学稳定性高，而且质量小。

3）全自动控制系统。采用压力传感器和专利技术的称重系统，便于工艺控制。其单台处理量可达250t/h以上。

4）VPA压滤机采用隔膜技术，可以避免滤饼在脱水过程中开裂，这意味着压缩空气消耗量低，即脱水成本低；而其他类型压滤机的隔膜系统不允许在滤饼吹气干燥的同时进行隔膜挤压。

2. 应用实例

下面介绍VPA过滤机在太钢袁家村铁矿的应用情况。

微细粒复杂难选铁矿石浓缩是工业应用的难点。通过研究高效的浓缩工艺和设备，太钢袁家村铁矿先后与国内外先进的设备厂商进行设备单体试验，确定了弱磁尾矿、浮选给矿、铁精矿、强磁尾矿、浮选尾矿浓缩的设备选型。弱磁尾矿选择ϕ65m浓缩机3台，浮选给矿选择ϕ65m浓缩机6台，浮选精矿选择ϕ65m浓缩机1台，浮选尾矿选择ϕ70m浓缩机1台，磁选尾矿选择ϕ53m浓缩机1台。

对于微细粒铁矿脱水本身就是一个难点，再加上采用阴离子反浮选工艺，精矿中含有大量苛化过的淀粉，导致脱水更加困难。一般铁矿精矿过滤采用盘式过滤机或筒式过滤机，对于粒度粗的矿山，出于节能方面的考虑，也有部分矿山采用陶瓷过滤机。但针对袁家村这样复杂难选的微细粒的铁精矿，采用这些过滤机显然不合适。

针对袁家村铁矿工艺特点，进行了不同压滤机的压滤试验研究。根据压滤试验结果，选择了9台VPA2050-50卧式压滤机，精矿过滤水分达到

9.3%（质量分数），满足了下工序的生产要求。

3. 节能减排总结

1）袁家村铁矿属于微细粒的铁矿浓缩，应采用高效的浓缩设备，增加浓缩机的压缩层，降低给矿浓度，以及进行合理的药剂添加，满足了不同浓缩工序的需求，精尾矿浓缩可得到较高的浓缩沉砂，实现了微细粒精尾矿高浓度输送。

2）经过1年多的试生产运行，目前处理原矿已达66700t/d，精矿产能已突破22500t/d，精矿TFe品位达到65%，金属回收率达到73%。

四、水隔离浆体泵

浆体泵是浆体管道输送系统的关键设备，合理选择浆体泵及配置方式是保证浆体输送能力、安全运行和经济效益的关键。浆体泵可划分为3种类型：离心式浆体泵、容积式浆体泵及特种浆体泵。特种浆体泵以离心泵为动力泵，直接或间接推动泵体，运用了隔离技术和压力传递技术，综合了离心泵流量大、往复泵扬程高的双重特点。

1. 节能减排特点

水隔离浆体泵（以下称水隔离泵）是一种新型浆体输送设备，该设备以水为驱动液体或传压介质，以等流量等压离心泵作为动力源，通过主机变频控制三个隔离罐交替吸入或排出矿浆，实现矿浆输送，是一种具有扬程高、流量适应范围大、输送浆体浓度高、使用周期长的理想输送设备。

（1）水隔离泵的结构　该泵在国外称为水力提升器，有立式、卧式两种，国内主要生产立式泵。水隔离泵由泵体、动力系统、供浆（回水）系统及控制系统四部分组成。泵体由3个隔离罐、6个液动闸板阀及6个逆止阀组成。动力系统由离心式清水泵、出口节流阀及其连接管路组成。供浆（回水）系统由高位浓缩设施或矿浆储仓引入的重力供矿管阀或矿浆压力供矿管阀构成。有条件时，回水直接进入浓缩设备，通常回水先入回水池，再用水泵提升入浓缩设备。控制系统包括心气系统和液压系统。

（2）水隔离泵的工作原理　由高位浓缩或储存设施或喂浆泵供浆体，从泵的隔离工作罐内浮球下部喂入，使浮球均匀上升至某一限定位置；由多级清水泵向浮球上部供压力清水，高压清水通过浮球控制液压站并指挥清水阀，控制3个隔离罐交替进高压清水（排浆）和浆体（喂料），以实现均

匀、稳定地输送浆体。

（3）水隔离泵适用条件　物料粒度≤2mm，固体物料松散密度≤1.2 t/m^3，浆体的质量分数≤70%，环境温度为0～40℃。选用的清水多级泵性能应与实际工况一致。当实际工况变化时，应配备可靠的调速装置与之配套。清水泵应采用开式循环，并将回水澄清处理再用，以防止水温过高和水质夹砂影响泵的性能与使用寿命。由于排浆时，部分清水沿隔离浮球与罐体间缝进入浆体而使浆体稀释，进入水量为输送流量的5%～8%。

2. 应用实例

下面介绍河北钢铁集团矿业公司庙沟铁矿的应用情况。

河北钢铁集团矿业公司庙沟铁矿自1994年采用油隔离泵代替渣浆泵运行至2008年，随着选矿生产规模的扩大和生产率的提高，油隔离泵受其自身因素的影响，已不能承担尾矿输送和挖潜增效的重任。

油隔离泵在运行中存在的问题如下：

1）自身工作性能的制约。被输送介质的粒度要求较高（粒度<1mm），要求介质的密度大于水。在尾矿浆中，有部分比水轻的葡萄球状的玻璃体（浮珠）会浮在水面，有的甚至进入油中，容易造成活塞缸内各部件的磨损，严重影响尾矿浆输送的效率。

2）老化现象严重，事故频繁。油隔离泵使用了14年，出现了诸如减速箱内部齿轮老化、缸体十字头体及滑道板磨损和隔离罐裂纹、易损件寿命短等问题。

3）日常维护保养费用高。每月都需进行计划检修，阀箱、阀芯等零部件更换频繁，结构复杂且备件质量要求高、价格昂贵，维护保养劳动强度高。

4）运转环境卫生状况差。活塞缸窜油、阀箱体漏矿等现象导致设备本体及周围环境卫生状况差，设备本体漏油十分严重，各传动部位油污较多且不易清理。需要人工现场值守看护，操作环境差。

5）运行成本高。油隔离泵使用46号汽轮机油作为传压介质，每月消耗油量约1750kg，加大了使用成本。

经过相关技术人员的调研、论证，选用了水隔离泵作为替代品，并于2008年新投入使用一台试运行，2009年安装使用第2台，至此油隔离泵开始作为备用系统使用。

3. 节能减排总结

1）水隔离浆在运行过程中用 PLC 机实现自动控制，操作方便。根据生产需要，可进行流量的手动及自动调节，从而实现了泵的自动控制以及提示、报警等，使设备与操作相隔离，运转稳定，运行效率良好。

2）水隔离泵价格便宜，传压介质使用循环水，清洁环保。而油隔离泵传压介质为汽轮机油，耗油量大，污染浪费且加大了成本。水隔离泵的应用从根本上减少了油污废水的排放。

3）水隔离泵运行工况稳定，造成的停车事故少，为正常生产打下了坚实的基础，且其备件、润滑油消耗比油隔离泵可节约成本近 78.6%；水隔离泵主要运动部件不接触浆体，而接触浆体的部件运动频率低，每分钟 1~2 次，因此，水隔离泵的过流部件寿命比油隔离泵的过流部件寿命延长 1~3 倍，其结构简单高效，备件少且易更换，大幅降低了设备维护保养的人工强度。

生产实践表明，水隔离泵在大流量、远距离、高浓度的浆体输送中，表现出了较好的适应能力，在选矿企业节能减排方面有较大的发展和改进空间。

第三节　精尾矿处理作业的节能减排工艺

一、技术改造后的精矿脱水工艺

（一）工艺简介

精矿为选矿厂最终产品。精矿水分是评价选矿产品的重要指标之一。随着选矿技术的进步和贫矿资源的开发利用，有用矿物嵌布越来越细，随之，相应的细粒浮选精矿产品越来越多，使脱水越来越困难。因此，必须制订行之有效的工艺流程，采用高效率、低能耗、高自动化选矿设备，且合理布置厂房，不断推动精矿脱水技术的发展，以获得合格的精矿产品。

在当前生产中，精矿脱水一般可通过下面两种技术改造来达到节能减排的效果。

1）精矿脱水的目的是得到含水量符合要求的精矿送冶炼作业，同时回收利用回水。由于矿石正浮选工艺要添加浮选药剂调节矿物的表面电性，使

矿浆得到良好的分散，这导致精矿浆固液界面形成双电层，存在电位较低的乙电位，颗粒间静电斥力较高，精矿浆颗粒彼此不能靠近联合，分散度极高，形成了相对稳定的悬浮液，其沉降脱水的难度较大。实践中通过更换适宜的团聚剂、脱水设备等措施，可达到减少废水排放、节约材料的目的。

2）随着选矿技术的发展，自动控制技术在选矿行业普遍发挥着重要作用。尤其是当设备大型化后，人工操作已很难满足现场需求，自动控制系统可以有效地解决选矿厂精矿脱水工艺中问题，起到了节约能源、提高工作效率的重要作用。

（二）应用实例

1. 硫酸在铝土矿正浮选精矿脱水工艺中的应用

（1）情况简介　铝土矿正浮选工艺流程如图4-1所示。铝硅比为（5~6）：1的原矿经破碎、均化后，经过磨矿分级得到粒度合格的入选矿浆，添加适量的浮选药剂后入浮选系统，经一次粗选、两次精选、两次扫选后得到铝硅比1：1左右的精矿和铝硅比为1：5左右的尾矿。尾矿经沉降脱水后送尾矿坝堆存处理。精矿浆添加团聚剂和絮凝剂后，经沉降脱水和过滤脱水后送矿浆调配。

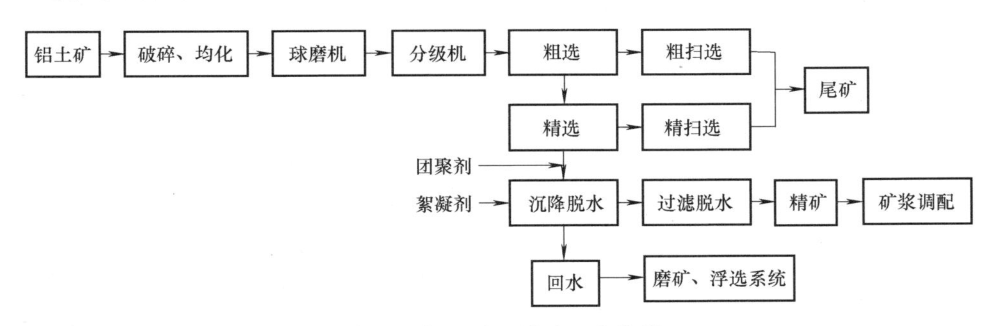

图4-1　铝土矿正浮选工艺流程

通过在精矿中添加团聚剂可以使矿粒表面的电性中和，降低颗粒间的静电斥力，常用的团聚剂有石灰、明矾、硫酸等。明矾是硫酸铝和硫酸钾的复盐，其团聚作用主要是由硫酸铝产生的，而硫酸钾不起作用，因此现在一般都改用硫酸铝作为团聚剂。生产中原采用硫酸铝作为团聚剂，与絮凝剂联合使用进行精矿的沉降脱水。通过对比工业试验发现，使用硫酸作为团聚剂具有良好的技术经济效果。

（2）工艺节能减排特点

1）在铝土矿正浮选精矿脱水工艺中使用硫酸，能够满足调节精矿浆的pH值，与使用硫酸铝相比能够达到同样的沉降脱水效果。

2）使用硫酸作为团聚剂，精矿回水中的Al^{3+}减少，其消耗阴离子型捕收剂，影响浮选效果的作用减少，与使用硫酸铝相比能够得到较好的浮选指标。

3）使用硫酸作为团聚剂，精矿回水中的SO_4^{2-}减少，有利于拜耳法系统生产。

4）与使用硫酸铝相比，每处理1t原矿，可以产生0.85元的经济效益。

2. 永平铜矿选矿厂精矿浓密脱水工段自动化系统的开发与应用

永平铜矿选矿厂的处理量为10000t/d，为江西铜业集团公司第三大选矿厂。为了实现精矿工段的现代化控制，提高自动化控制水平和生产率，保障现场安全生产，进行了精矿自动控制系统改造。实现了精矿工段电气设备的远程控制、系统远程联锁开停车、陶瓷过滤机集中监控等功能，极大提高了生产率，降低了人工劳动强度。

（1）情况简介　永平铜矿精矿浓缩脱水工段共处理铜精矿和硫精矿两种产品，浓缩设备采用普通周边传动式浓缩机，脱水设备采用陶瓷过滤机。具体的工艺流程是：精矿矿浆产品首先进入浓缩机进行浓缩，浓缩机底部胶泵将质量分数为65%~70%的矿浆输送到陶瓷过滤机进行脱水，脱水后的精矿产品经过多条传送带转运到精矿仓中进行储存，最后通过列车运走精矿产品。其中该工段采用3台浓缩机、6台胶泵、1台盘式过滤机、6台陶瓷过滤机、11条传送带和多个辅助泵等设备。

永平精矿自动控制系统采用西门子S7-300系列PLC作为主控制器，实现联锁控制和数据计算等功能。主控制器通过Profibus-DP总线和陶瓷过滤机的S7-200控制器进行通信，实现数据读取和远程控制等功能。

其中控制程序开发分为设备联锁控制功能开发、陶瓷过滤机信号监控和辅助功能开发等部分；上位机功能开发分为监控画面功能开发和报表功能开发等部分。

（2）工艺节能减排特点　永平铜矿选矿厂精矿浓缩脱水工段控制系统的应用，实现了多台电气设备的联锁控制、陶瓷过滤机数据远程监控、流程数据监控、电子生产报表等功能，极大提高了劳动效率，保证了生产安全，提高了自动化水平。该系统运行至今，稳定可靠，已经成为生产中不可或缺

的重要组成部分。

二、金属、非金属矿山粗颗粒原矿浆无外力管道的输送工艺

1. 工艺介绍

该工艺流程是《矿产资源节约与综合利用先进适用技术汇编（第一批）》中的一项金属矿山高效选矿工艺，适用于金属、非金属矿山原矿浆输送。

利用自然高度差，优化设计合理的管道坡度，控制管道中矿浆流速、矿浆浓度、粒度等相关工艺参数，使粗颗粒矿粒不致在管道中沉积而自流到山下选矿厂选别，从而大量节约矿石的运输能耗成本，减少扬尘对周边环境的污染。常用工艺流程为：原矿→破碎→超细粒→筛分→磨矿分级→浓缩→管道输送→接矿分配→二段选矿（精选）。

2. 节能减排的特点

1）节能减排的关键技术包括节能管道坡度、矿浆流速、矿浆流量、矿浆粒度、管道压力、管道防爆、管道消能、管道材质等核心技术。

2）主要节能技术指标：制备粒度小于 74μm 的质量分数≥25%的矿浆，矿浆的质量分数为 40%~60%，矿浆经坡度小于 8°且不为 0 的输送管道顺势输送到目的地。按 600 万 t/a 原矿计，节约运矿能耗 9800 余 t 标煤，运输过程不会产生粉尘，保住了矿山公路沿线的绿水青山。

3. 应用实例

固体物料长距离管道水力输送是 20 世纪 50 年代发展起来的一种新的运输方式，在国外金属矿山和煤矿中得到了广泛的应用。我国自 20 世纪 80 年代初开始关注这一新的运输方式，并规划了几条精矿和煤的长距离水力输送管线。但该技术的最大特点在于无外力矿浆输送和粗颗粒原矿浆输送。安宁铁钛公司投资 8077 万元建设粗颗粒原矿浆无外力管道输送系统，年输送原矿 600 万 t，可盘活低品位钒钛磁铁矿 1.46 亿 t。

4. 节能减排总结

该工艺矿浆输送方法提高了矿石运输能力，极大地改善了矿山公路沿线环境，保住了绿水青山；雨季不再停产，有效地降低了运矿成本，促进了矿山资源的可持续综合利用，为矿石的运输提供了一种新的选择，具有广阔的应用前景。

三、全尾砂高浓度胶结充填工艺

全尾砂充填是以没有进行分级的全粒级尾砂作为充填填料充入井下采空区的一种充填方式。全尾砂高浓度胶结充填则是在质量分数为75%左右的状态下进行输送和采矿场充填的全尾砂充填方式。

1. 工艺介绍

全尾砂高浓度胶结充填工艺是以物理力学和胶体化学理论为基础的。直接采用选矿厂的尾砂浆，经过一段或两段脱水，获得含水量为20%（质量分数）左右的湿尾砂，应用振动放砂装置和强力机械搅拌装置，将全尾砂与适量的水泥和水混合制成高浓度的均质胶结充填料浆，以管道自流输送的方式送入采矿场，形成均匀的、高质量的充填体。

根据全尾砂高浓度胶结充填的特点，全尾砂高浓度胶结充填系统通常包括脱水系统、搅拌系统、检测系统和管路系统。其中，脱水系统和搅拌系统是全尾砂高浓度胶结充填成功应用的关键。

（1）脱水系统　为了制备全尾砂高浓度料浆，一般全尾砂采用二段脱水工艺，即先将选矿厂送来的质量分数为20%左右的尾矿浓缩到50%左右，然后再进行过滤。这样不仅可保证过滤时的回水质量，还可提高尾矿过滤效率。高效浓缩机和真空过滤机是目前常用的设备。

（2）搅拌系统　全尾砂高浓度胶结充填料浆通常采用二段搅拌流程，以提高搅拌质量。长沙矿山研究院等设计制造了多种活化搅拌机，现场试验都取得了良好的搅拌效果。

（3）检测系统　高浓度料浆具有良好的性能，并且料浆浓度的变化对充填料浆特性的影响极为敏感。为了确保全尾砂高浓度胶结充填正常，全尾砂高浓度胶结充填系统必须能够对制备的胶结充填料浆浓度、流量及各种物料配比等进行监测和控制，建立一套可靠、完善的充填监控系统。

（4）管路系统　全尾砂高浓度胶结充填料浆，由于细粒级含量高、浓度高，在管路内呈稳定的均质流，而且其流速处于层流区域内，所以，全尾砂高浓度胶结充填必须依照高浓度料浆的流变特性设计其管路系统。

2. 节能减排的特点

1）尾砂利用率高。该工艺一般尾砂利用率为90%~95%，主要取决于脱水设备和技术。而分级尾砂的利用率一般只有50%~60%。

2）充填料浆浓度高。该工艺减少了水泥用量，降低了充填成本。

3）该工艺形成的充填体沉缩率小，接顶率高，充填质量好，强度高。

4）采用该工艺充填后的采矿场无任何溢流水，改善了井下作业环境，节省了排水及清理污泥的费用。

3. 应用实例

20 世纪 90 年代初在凡口铅矿建成第一个全尾砂高浓度胶结充填系统。其后随着活化搅拌技术和全尾砂高效浓缩、贮仓沉降脱水技术的开发和不断成熟，全尾砂高浓度胶结充填的应用不断增加，如张马屯铁矿、武山铜矿、铜绿山铜矿、湘西金矿和南京铅锌银矿等。下面介绍全尾砂高浓度胶结充填技术在杨山铁矿的应用。

庐江县矾山矿业有限公司的杨山铁矿为一矿体埋藏较浅、资源零散、由杨山矿段和阳山洼矿段组成的小型矿山。当时矿山分两个采区，一采区开采Ⅱ号矿带（回收原开采剩余铁矿资源）的矿体，二采区开采Ⅳ号矿带的矿体。由于两矿体相距 400～500m，独立开采。整个矿山设计规模为 30 万t/a，两采区分别为 15 万 t/a。由于矿体规模较小，形态不规则，分布零星，总的控制程度不足，矿山已经多年的露天开采，且在Ⅱ号和Ⅳ号矿带上部形成了多个露天采坑，从而给Ⅱ号和Ⅳ号矿带的地下采矿工作带来了困难。矿山对Ⅱ号和Ⅳ号矿带采空区采用全尾砂高浓度胶结充填。

充填流程：水泥、尾砂及水等充填料通过地表充填站进行搅拌，然后用专用管道输送至井下。设计胶结充填能力为 $500m^3/d$。其充填系统的工艺流程如图 4-2 所示。

杨山铁矿全尾砂高浓度胶结充填料的配比见表 4-4。

表 4-4　杨山铁矿全尾砂高浓度胶结充填料的配比

项目	灰砂比（质量比）			
	1∶4	1∶8～1∶10	1∶30	全矿平均
	每立方米砂浆单耗			
水泥/t	0.274	0.137	0.044	0.143
尾砂/t	1.097	1.231	1.320	1.225
水/t	0.533	0.533	0.530	0.532
容重/(t/m^3)	1.904	1.899	1.895	1.899
充填料占全矿比重（%）	30	32	38	100

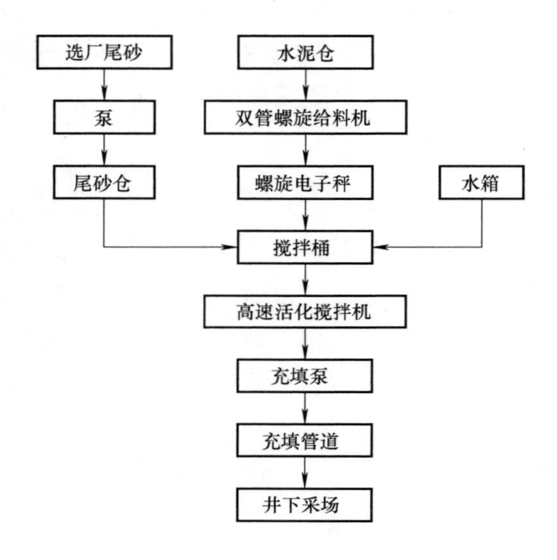

图 4-2　杨山铁矿充填系统的工艺流程

矿房回采后，采空区用全尾砂高浓度胶结充填，直到将刚采完的矿房充填完毕。先采用砼墙对采矿场通道进行密闭，充填管道经上阶段充填巷道在采空区顶部向采空区进行充填。为保证充填质量，临近接顶时采用膏体充填。待矿房充填完成，充填体强度达到要求后，再进行矿柱回采。

4. 节能减排总结

1）矿石回采率得到了很大提高，若不对采空区进行充填，间柱未能进行回收，则矿石回采率仅为 70%左右。采用全尾砂胶结充填后，矿石回采率达到了 88%以上，最大限度地回收了矿产资源。

2）当前，矿山年充填尾砂 7.79 万 t，水泥 0.91 万 t，水 3.38t 万，合计 12.08 万 t。杨山铁矿全尾砂高浓度胶结充填的应用，在使地表位移沉降得到有效控制的同时，确保了露天坑底隔水层的稳定性及可靠性，减少了矿山生产的安全隐患。

3）全尾砂高浓度胶结充填采矿真正实现了矿山绿色采矿，将固体废料（废石、尾砂）充填采空区的同时，不仅大量减少了尾矿堆存所占用的土地，减少了尾矿库建设的投资，还有效地避免了固体废料对环境的污染，保护了矿区地表及周边环境。

四、铁尾矿生产烧结砖工艺

金属矿山磨细的尾矿构成了一种复合矿物原料，加上其中微量元素的作用，具有许多工艺特点。研究表明，尾矿在资源特征上与传统的建材、陶瓷、玻璃原料基本相近，实际上是已加工成细粒的不完备混合料，加以调配即可用于生产。由于不需对原料再做粉碎和其他处理，制造过程节省能耗，产品成本较低，一些新型产品价值较高，经济效益十分显著。区别于其他建材产品，这些产品又称为新型建材。众多实例表明，利用尾矿生产新型建材系列产品，是大力发展循环经济、提高资源利用率，解决当前我国资源、环境对经济发展制约的有效途径之一，也为金属尾矿的综合利用提供了一种有效的解决方案。

烧结砖是一种历史悠久、用量非常大的建筑材料。烧结砖对原材料要求不高，但用量却很大。

1. 工艺介绍

利用铁尾矿生产烧结砖的一般工艺流程为：原料选择与处理→配料混合→陈化→均化→成型→干燥→烧结。利用铁尾矿生产烧结砖在生产制备工艺上主要有以下几个关键环节：

（1）原材料配比及部分成分要求　对制砖的原料尾矿一般要求其粒度要较细，以保证原料的高塑性。

（2）脱水与压力成型　水分是决定烧结砖质量的重要影响因素之一，适量的水分有利于坯料颗粒结合在一起，使塑性提高，增强烧结砖的抗压强度。过低的水分使粉料不能凝聚成型；过高的水分则会导致坯料的流动速度加快，甚至引起砖坯的变形。

（3）干燥　在实际生产中，坯体干燥速度除与干燥介质温度有关以外，还与坯体的含水量、大小、码坯方式、干燥介质的湿度、流速以及与干燥介质的接触情况等相关，需根据当时实际干燥条件，结合实验确定铁尾矿砖坯的干燥曲线。

（4）烧成温度　烧成温度对制品性能的影响很大。由于尾矿本身的物理化学性质及其矿物组成与黏土有明显区别，其烧结性能也存在较大差异，随着烧成温度的升高，制品的抗压强度不断增加，吸水率逐渐减小，密度和烧成收缩率逐渐增大。

（5）升温速率　在烧结制砖的过程中，升温速率过快会导致坯体内外

温差过大而膨胀不均，从而使得铁尾矿制烧结砖内的应力不能及时释放而发生开裂。同时原料中矿物分解产生的气体排出也会导致砖坯内裂，从而对烧成制品的强度和吸水率等性能产生影响。因此，一般情况下，烧结时应控制适当的升温速率。

（6）保温时间　坯体烧结不仅取决于烧结温度的高低，还取决于保温时间。保温时间以 2~3h 为宜。

2. 应用实例

下面介绍南京冶山矿业公司利用铁尾矿生产烧结砖的情况。

南京冶山铁矿截至 2012 年尾矿堆存量为 1000 万 t，每年新产尾矿干基 25 万 t，铁尾矿密度为 $2.72t/m^3$。南京冶山矿业公司于 2009 年开始投资建设利用铁尾矿生产烧结砖厂，2011 年成功投产。该烧结砖厂利用铁尾矿生产烧结砖每年可消耗 5 万~6 万 t 铁尾矿。

该烧结砖厂设计投资两条生产线，2011 年首先建成一条生产线，设计年产能为 3000 万块标砖，在 2015 年之前投产建成第二条生产线。总年产能达到 6000 万块标砖。

通常在生产制备烧结尾矿砖工艺的关键环节及需要应对的主要问题有：

（1）原材料配比及部分成分要求　SiO_2 的质量分数应为 55%~70%，Al_2O_3 的质量分数应为 10%~32%，冶山铁尾矿的平均硅的质量分数为 50% 左右。压滤后每周向砖厂运两次矿渣，每批次矿渣约 2400t。由于矿渣品质不稳定，因此每次都做化学分析，并依据矿渣成分调整添加骨料；原料需掺加煤 8%~9%（质量分数），每 1 万块标砖平均耗煤量约为 0.7t，煤中硫的质量分数必须低于 0.5%；页岩掺量为 8%~9%（质量分数）。

另外需要注意的是，生产烧结砖的铁尾砖砂中的 CaO 和 MgO 的含量要控制在一个较低的水平，一般要求最终生产原料中 CaO 的质量分数不得超过 3%（粒度小于 74μm 的质量分数为 70%），CaO 含量过高时烧结制砖容易产生塌裂现象；MgO 的质量分数要在 5%以下，不然产品极易产生泛霜现象，影响施工时产品的黏结性。

（2）脱水　由于铁尾矿原料含水率高达 90%（质量分数，下同），特引进德国定制压力脱水系统。生产过程中首先在铁尾矿原浆中加入絮凝剂进行两次沉淀过程，一次沉淀后含水率 80%，二次沉淀后含水率 40%；然后利用压机加载 8atm（1atm=101.325kPa）进行约 40min 压力脱水，铁尾矿经压机脱水后形成滤饼的含水率为 16%。脱水成本约为 28 元/t，是生产投入成

本的最主要部分。

（3）干燥　原材料按生产配方配比掺和后，首先需经过30h左右的自然干燥，接着再进行35~60min的人工干燥。

（4）烧结　经隧道窑进行烧结，烧结温度为980~1050℃。该厂所生产烧结砖符合GB 13544—2011《烧结多孔砖和多孔砌块》中的相关要求，非承重砖抗压强度可达到MU7.5，承重砖可达到MU10。砖的密度为1050~1100kg/m^3，热导率为0.78W/(m·K)，产品规格为190mm×190mm×90mm（承重）和290mm×190mm×90mm（非承重）。

3. 节能减排总结

铁尾矿是一种产量很大、利用率很低的废渣，有很好的利用前景。用铁尾矿生产烧结砖，是对传统制砖工业的继承和发展，可利用工厂现有条件，投资少，见效快，也为铁尾矿综合利用开辟了一条新途径。

五、金属矿尾矿生产蒸压尾矿砖工艺

蒸压尾矿砖是以金属尾矿砂为主要原料，添加石灰、石膏以及骨料，经坯料制备、压制成型、高效蒸汽养护等工艺制成的。这类砖是烧结黏土砖的替代产品。

1. 工艺介绍及特点

（1）制砖原理　金属尾矿砂中含有一定量的硅酸盐，具有一定的活性，在适当的物理作用和化学作用下，可实现尾矿砂的固化，制成诸如蒸压尾矿砖、尾矿加气及混凝土板材、干粉砂浆等。

尾矿中SiO_2和Al_2O_3的含量较低、活性差，采用普通的灰砂砖工艺难以满足产品的要求。因此，利用固体废弃物——粉煤灰、矿渣和低碱度的碱性激发剂制备生态型凝胶材料，采用湿热养护工艺生产蒸压尾矿砖。在激发剂的作用下，尾矿中的部分超细尾矿参与水化反应，对产品强度有促进作用。产品中固体废渣用量最高可达全部固体原料的95%（其中尾矿占75%~85%），工艺无有害物质排放，属生态型环境材料。

（2）流程简介　尾矿砂加固化剂和其他混料混合，充分碾压、搅拌均匀；通过传送带输送系统进入压砖机，经过物理作用压制成砖坯；然后进入到蒸压釜，在一定的压强、时间、温度的作用下，通过物理作用（高温、高压）和化学作用（激发原料活性）促其黏结、凝固，最后制成产品。蒸

压尾矿砖生产工艺过程包括配料、砖坯制备、成型、蒸压、标准砖、质检等工序。

（3）流程控制

1）在整个生产工艺中，蒸压尾矿砖的强度是一个重要的指标。蒸压尾矿砖的强度主要由棒状或纤维状钙矾石和水化硅酸钙凝胶决定，因此控制激发剂的碱度尤为重要，一般 pH 值以 10.8~13.0 为宜。

2）蒸养时间直接影响产品的质量和能耗，蒸养温度对产品的强度影响很大。由于超细尾矿与凝胶材料水化产物存在正协同作用，对硬化体的强度有促进和催化作用，经试验确定蒸养温度为 70℃，蒸养时间为 8h，凝胶材料的质量分数为 16%，此时产品的抗压强度能够达到 MU15，蒸养后的初始强度也能满足要求，能耗则更低。

（4）工艺特点

1）某尾矿制砖项目，年产蒸尾矿砖 6000 万块，引进德国道司腾技术，采用双向液压成型，高温高压蒸养技术，尾矿使用率达到 88%，年消耗尾矿 16 万 t，尾矿减排效果明显。

2）尾矿制砖项目的实施节约了大量的土地资源和矿产资源，改造了环境，治理了污染。

2. 应用实例

当前，该工艺已经有很多生产实践，例如：2014 年 12 月工业和信息化部办公厅发布的《工业和信息化部国家安全监管总局关于推荐尾矿综合利用示范工程的通知》中，包含了河北遵化市中环固体废弃物综合利用有限公司年产 60 万 m^3 尾矿加气砼和 5000 万块蒸压尾矿砖项目、浙江武义神龙浮选有限公司年新增 15 万 m^3 加气砌块及 5000 万块蒸压尾矿砖生产线项目。

下面介绍首钢矿业公司及银山铅锌矿利用尾矿生产蒸压尾矿砖的实践。

（1）首钢矿业公司利用尾矿生产蒸压尾矿砖的实践　为进一步扩大尾矿综合利用规模，2009 年以来首钢矿业公司与浙江中材工程设计研究院有限公司西南分院开展利用尾矿制备加气混凝土砌块及蒸压尾矿砖生产的研究工作。2012 年 6 月，建设投产了一条年产 1.0 亿块蒸压尾矿砖的生产线。

蒸压尾矿砖生产工艺主要采用电子计量秤和 PLC 工控机控制配料、连续式高速双轴搅拌机搅拌、连续式消化仓消化，再由高速双轴搅拌机搅拌混合坯料、大吨位液压砖机压制砖坯、自动码垛机码坯于蒸压小车上、蒸压釜高压养护。其生产工艺流程如图 4-3 所示。

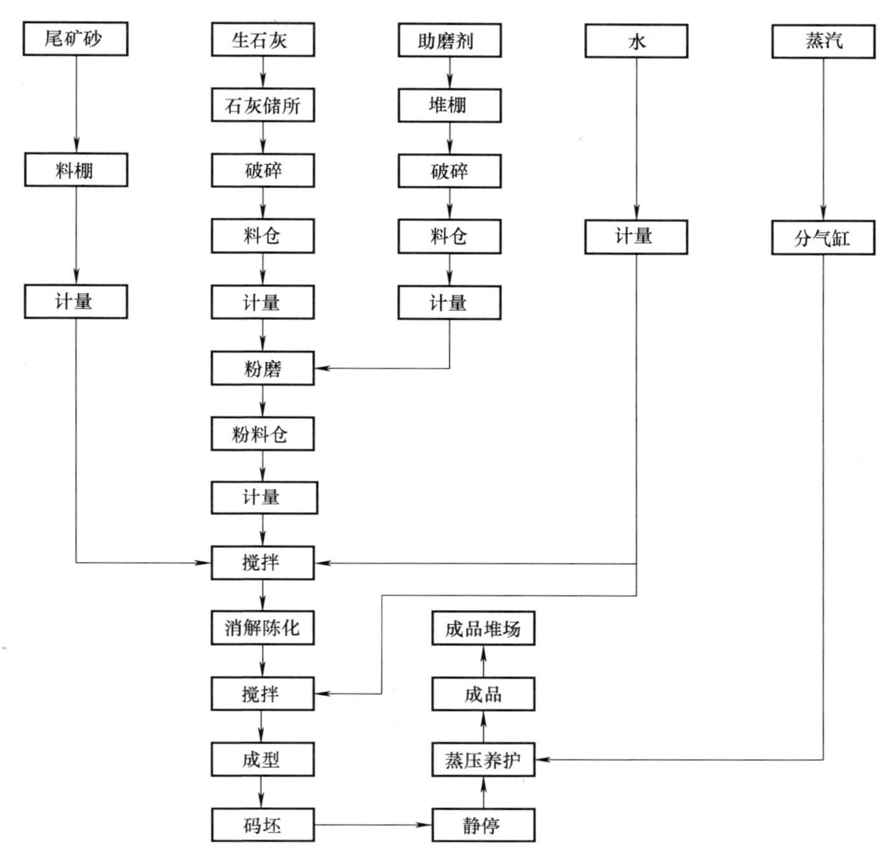

图 4-3 首钢矿业公司蒸压尾矿砖的生产工艺流程

（2）银山铅锌矿利用尾矿生产蒸压尾矿砖的实践 江西铜业公司下属的银山铅锌矿的尾矿化学成分比较稳定，主要成分（质量分数）为：SiO_2 58.52%，$Al_2O_3$11.42%，$Fe_2O_3$8.74%，CaO 0.23%，MgO 0.42%，烧失量1.3%～1.5%，粒级组成比较理想，其粒级与占有率为：+0.175mm 占18.50%，+0.124mm 占 7.25%，+0.074rnm 占 17.00%，+0.048mm 占10.50%，-0.048mm 占 46.75%，适宜用来生产蒸压尾矿砖。其生产工艺流程如图 4-4 所示。

工艺流程技术要求：原料配比（质量分数）为尾矿 85%，石灰 15%；氧化钙的质量分数在 65%以上；消化温度在 80℃以上；消化时间为 6h；蒸汽压力为 0.8MPa；蒸汽温度在 170℃以上。

该矿生产的蒸压尾矿砖强度高，色泽美观。经检测，其抗压强度为 18～

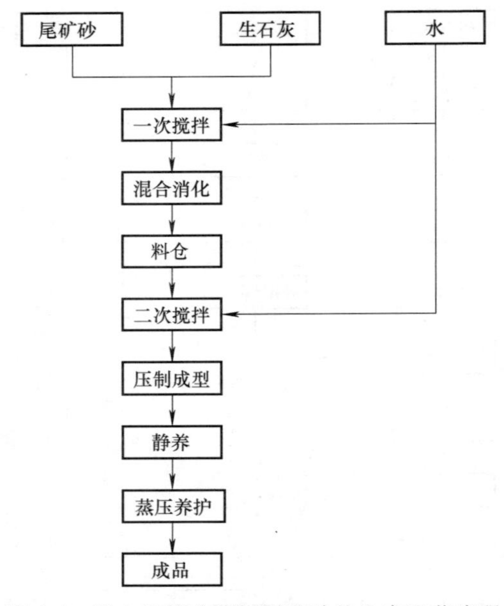

图 4-4　银山铅锌矿蒸压尾矿砖的生产工艺流程

21MPa，抗折强度为 3.7～5.5MPa，抗冻性能良好（17 次冻融合格），其他物理力学性能全部满足使用要求。测定结果为国标 150 号砖，比普通黏土砖标号要高，可在一般工业与民用建筑中广泛使用。

3. 节能减排总结

该工艺以金属尾矿砂为主要原料，可将大量尾矿砂变废为宝，显著减少尾矿排放、堆存场地，既延伸了金属矿产业链条，又可以替代黏土砖，节省烧制红砖所用的大量土地资源。该工艺的设备自动化、机械化程度高，产品质量可靠，社会效益和经济效益显著。

六、铁矿尾砂生产建筑人工砂工艺

铁矿尾砂是从铁矿中提选铁精粉时冲洗出的沉淀物。经化学成分分析，铁矿尾砂除含部分未选出的铁矿外，其余为二氧化硅、三氧化二铝和碳酸钙等成分。与普通建筑用砂相比，铁矿尾砂的技术指标与特细砂接近，基本符合标准要求。

1. 工艺介绍

从铁尾矿砂的化学成分、矿物成分、坚固性等各个性质分析，铁矿尾砂

符合普通混凝土用砂的质量标准。细度模数偏细和表观密度略重是铁矿尾砂的特点，一般不可能也没有必要去改变，只能去适应。

铁矿尾砂制作建筑人工砂，就是采用适当的工艺流程去除铁矿尾砂中一些较细颗粒（小于0.15mm），使之满足GB/T 14684—2011《建筑用砂》中人工砂产品颗粒级配要求的过程，常用高频振动网筛等设备。随着旋流器技术的推广应用以及性能的进一步改进，使得铁矿尾砂截留回收变成现实。

从铁矿尾矿筛分出的0.3~2.36mm人工细砂，必须经过颗粒级配、石粉含量和泥块含量、有害物质、坚固性、表观密度、堆积密度、空隙率、碱集料反应等测试试验，应达到建筑用砂的国家标准要求，才可进入砂石市场。

我国有大量的金属矿和非金属矿，在采矿和加工过程中伴随产生约40%~60%的尾矿，有相当尾矿没有合理利用，浪费了资源，占用了土地，造成了新的环境污染。而如果经过适当分选与加工，不少尾矿就可以制成人工砂，减少尾矿对环境的损害，防止污染，保护环境，为矿山无尾矿或低成本建筑材料开发提供一条新途径。

2. 应用实例

下面介绍首钢矿业公司利用铁矿尾砂生产建筑人工砂的实践。

首钢矿业公司的水厂选矿厂，平均每小时排出尾矿矿浆2700m^3，这些矿浆通过三级加压站和专用管路源源不断地输送到尾矿库，要付出电力消耗、备件消耗、管路磨损和每立方米干量尾矿1.5元的占地费等成本。该公司计划开辟既能降低成本又能合理利用尾矿资源的新渠道。

该选矿厂在尾矿输送管道上并联了一台离心旋流器，将模数为2.3~3.2粒度适中的铁矿尾砂（简称中砂），从矿浆中分离出来。由天津市建材研究所进行的性能检测和天津市建筑构件公司、天津市第一建筑工程公司进行的工程试验结果表明，其化学性能稳定，物理性能满足建筑用砂的要求，各项指标符合国家标准，成本低廉。当时，该厂已生产优质的铁矿尾砂万余吨，在满足本公司建筑用砂的同时还外销天津5000t。随着市场需求的增加，该选矿厂又追加投资30万元，建筑用砂的月产能力扩大到4万~6万t，同时还预建了基础设施，以便根据市场的需要进一步追加产能。

该选矿厂每月可生产铁矿尾砂18万t，选矿生产不断，铁矿尾砂的潜力巨大。

3. 节能减排总结

用该选矿厂生产的铁矿尾砂配制的建筑砂浆和混凝土的强度合格，耐久性优良，可代替优质黄砂，使用效果良好，实现了变废为宝的目标。对于提高建筑用砂的质量，保护国土资源，治理环境污染，都具有重要意义。

参考文献

[1] 杨守志，孙德堃，何方箴. 固液分离［M］. 北京：冶金工业出版社，2003.

[2] 童雄. 尾矿资源二次利用的研究与实践［M］. 北京：科学出版社，2013.

[3] 《中国选矿设备手册》编委会. 中国选矿设备手册［M］. 北京：科学出版社，2006.

[4] 吴湘福. 矿浆管道输送技术的发展与展望［J］. 金属矿山，2000（6）：1-7，17.

[5] 刘雅芳. 论冶金矿山尾矿输送泵的选型［J］. 矿业装备，2012（4）：100-102.

[6] 贾英杰，汪国，戚力林. 庙沟铁矿尾矿输送系统设备优化实践［J］. 矿业工程，2013，11（2）：53-55.

[7] 文儒景. 技术创新在尾矿输送系统中的应用实践［J］. 湖南有色金属，2012，28（6）：7-9，80.

[8] 明晓虎，朱明方. 渣浆泵变频调速在尾矿输送系统控制与应用［J］. 机械与自动化，2014（5）：129.

[9] 孙恒虎，黄玉诚，杨宝贵. 当代胶结充填技术［M］. 北京：冶金工业出版社，2002.

[10] 张锦瑞，王伟之，李富平，等. 金属矿山尾矿综合利用与资源化［M］. 北京：冶金工业出版社，2002.

[11] 刘金龙. 全尾砂胶结充填技术在杨山铁矿的应用［J］. 科技与企业，2014（14）：270-271.

[12] 印万忠，李丽匣. 尾矿的综合利用与尾矿库的管理［M］. 北京：冶金工业出版社，2009.

[13] 徐惠忠. 尾矿建材开发［M］. 北京：冶金工业出版社，2000.

[14] 田昕、张哲. 金属尾矿渣大量利用的适用技术［J］. 砖瓦，2011（5）：24-26.

[15] 李逸晨. 铁尾矿的综合处理及在砖瓦行业的应用［J］. 科技纵横，2014（9）：45-48.

[16] 中华人民共和国工业和信息化部. 金属尾矿综合利用先进适用技术简介［Z］. 2010.

[17] 徐景海，张金华，雷立国. 首钢矿业公司资源综合利用实践［J］. 中国矿业，

2013（4）：13-16.

[18] 郭秀平，胡艳巧，李朝晖，等. 河北省铁选厂尾矿生产建筑人工砂试验研究［J］. 矿冶工程，2014：34：464-466.

[19] 刘承军. 矿产资源梯级开发利用的成功实践［J］. 中国钢铁业，2004（4）：30-31.

[20] 蒋文利. 首钢铁矿资源合理利用与废弃物减排的实践［J］. 矿产保护与利用，2009（1）：53-58.

第五章 选矿企业节能减排评价体系

为了促进选矿节能减排技术及措施的推广，加速矿业经济发展模式的转变，需要建立一种对选矿企业节能减排效果进行综合评价的指标体系，用以对企业节能减排项目实施效果进行评价和激励。国家相关部门先后发布了多项关于组织节能减排的法规、政策和标准，对组织节能减排进行绩效评价和开展示范活动也提出了要求，但如何对组织节能减排工作进行科学有效的评价，目前还没有明确的规定。

第一节　节能减排绩效评价

绩效（Performance）一词最初来源于人力资源管理、工商管理和社会经济管理领域，由“绩”与“效”合成，是工作成果的综合反映和体现。从字面意义看，“绩”就是成绩，是指是否按期实现了预先设定的目标，主要任务是否完成，侧重反映量的成果；“效”就是效率、效益，指的是完成任务的效率、资金使用的效益、预算支出的节约等，侧重反映质的成果。

评价是一种认识活动，是在选取特定指标后，找出比照标准，选取合适方法对事物做出价值判断从而达到目标。绩效评价是指运用一定的技术方法，采用特定的指标体系，依据统一的评价标准，按照一定的程序，通过定量、定性对比分析，对绩效做出客观、标准的综合判断，真实反映现实状况，预测未来发展前景的管理控制系统。

企业节能减排绩效是一个新兴的课题，国内外尚没有学者对此做出明确的界定。有研究者认为，企业节能减排绩效是指企业在能源的节约与合理利用、环境保护、污染物治理等方面所取得的效率与效果，它将节能减排的理念贯穿于企业生产经营的全过程，通过采取法律、经济和行政等综合性措施，提高能源利用效率，减少污染产生量，实现排放无害化，以最少的资源

消耗获得最大的经济、环境和社会收益，从而保障社会经济的健康运行和可持续发展。

第二节 选矿企业节能减排绩效评价

一、选矿企业节能减排现状

节能减排指的是降低能源消耗和减少废气废物排放，最早见于我国的“十一五”规划纲要。该纲要中提出的节能减排目标是：在“十一五”时期单位国内生产总值能耗降低20%左右，主要污染物排放总量减少10%。

冶金工业是一个能耗大户。为达到节能降耗，冶金企业除了在推广运用节能新工艺、新技术、新设备、新材料等方面寻找出路外，也提出冶炼尽量采用高品质精矿，降低精矿水分的精料方针。但我国冶金矿石的特点是贫矿多、富矿少，绝大部分原矿需经选矿处理才能成为炉料，而选矿是冶金行业中的中间环节，这必然对选矿厂提出更高的要求。

资料显示，目前我国重点矿山选矿厂选矿吨原矿耗电约为28.38 kW·h，金属回收率比国际先进水平平均约低10%。选矿厂能耗中电耗约占90%，电耗占选矿厂直接生产成本的50%～60%。其中碎磨作业电耗占总电耗的60%～70%，磨矿电耗占碎磨总电耗的80%～90%；尾矿输送电耗占总电耗的20%以上；脱水作业电耗占总电耗的10%左右。此外，磨机衬板和磨矿介质的损耗费占选矿厂总损耗费的90%以上，碎磨作业的生产费用占矿山矿石运输和选矿的总生产费用的80%。同时，选矿厂排出的大量尾矿、粉尘和废水，给环境造成了日益严重的污染和危害，并同时带来了资源浪费、安全隐患、运营费用高等诸多问题。当前，富矿逐渐减少，资源日渐枯竭，环境污染日趋严重。选矿厂减排主要体现在尾矿的循环综合利用、回水的利用及减少污染物排放等方面。

二、选矿企业节能减排评价体系特点

一个选矿企业的能量消耗和污染物排放，主要与该企业入选的矿石性质、采用的选矿工艺流程、使用的各种选矿设备设施及辅助设备设施有关。矿石性质如有用矿物含量、有用矿物种类、矿石硬度、含泥量、松散程度等；选矿工艺流程如一段或多段破碎、是否闭路破碎、一段或多段磨矿、是

否闭路磨矿、不同选矿手段（浮选、重选、磁选等）、单一手段选别或多段联合工艺等。选矿设备如破碎机、磨矿机、磁选机、浮选机等，设施如磨矿仓、精矿仓、浓密池、尾矿库等。所有这些因素决定了一个选矿厂能耗及排放水平。全国上万家选矿企业千差万别，水平差异很大。

选矿企业节能减排绩效评价体系是用来衡量企业在一定的科学、技术、经济条件下，一定生产周期内实施节能减排措施所达到的水平和效果。它既是管理科学水平的标志，也是进行定量比较的尺度。因此，该评价指标体系应当具有分类清晰、层次分明、内容全面，指标应兼具科学性、系统性等特点。

第三节　河北省铁矿选矿业节能减排评价体系

河北省铁矿选矿业节能减排评价体系（以下简称评价体系），是河北省地矿中心实验室独立承担的国土资源部公益性行业科研专项经费项目《河北省铁矿选矿业节能减排评价指标研究》的研究成果，由按层设立的31个评价指标、评价指标量化及评价等级划分、专家打分法确定指标权重、评价结果的数值化处理及评价体系专用计算软件等几部分组成。

一、评价体系创建背景

河北省东临渤海内环京津，铁矿资源储量丰富且资源赋存具有特点。作为全国瞩目的铁矿石生产第一大省，全省累计查明超贫磁铁矿37亿t，预测资源量超过100亿t，在一段时间矿价内，进行了大规模开采。全省在矿产资源开发过程中，也暴露出了后备资源严重不足、专业技术人员缺乏、生产工艺技术和管理水平偏低、环境污染生态破坏现象严重等诸多问题。

近年来，河北省的节能减排工作取得一定的成效，但是全省铁矿选矿企业的节能减排形势仍不容乐观，环境保护面临的压力依然很大，经济社会发展与资源环境压力不断加大的矛盾仍然比较突出。在国家强力推行京津冀协同发展的今天，铁矿选矿企业节能减排工作对于河北省的可持续发展具有更为重大的意义。

二、评价体系创建过程

该体系评价对象为河北省铁矿选矿企业。它将选矿厂看作一个封闭系

统，包含与生产直接或间接相关的多个复杂子系统，如破碎、筛分、磨矿、分级、磁选、过滤、尾矿处理、技术研发等生产作业或辅助作业及部门。该评价体系中涉及的节能减排，也不是狭义上的节能降耗及减少排放。它是力争使该系统输入的能源最少，排出的污染物最少，输出的资源最大化，使系统取得最大的节能减排效果。

铁矿选矿业节能减排评价体系的创建使用了层次分析法、专家打分法、模糊综合评价法。评价体系创建过程如下：

1）充分进行河北省铁矿选矿企业实地调研，根据选矿行业的特点，分析影响其节能减排的因素，选取评价指标，建立递阶层次结构模型。

2）搜集铁矿选矿企业现有节能减排相关规范及标准，整理企业调研资料，结合专家意见，明确定量指标评价等级的划分，制定定性指标量化评价办法、量化评价等级。

3）采用两两比较的方法设计专家调查问卷，采用专家打分法确定评价指标权重向量。

4）结合评价指标数值分布的特点，为所有评价指标构造模糊评价隶属函数，得到模糊评价向量，并构成模糊评价矩阵。

5）将层次分析法得到的权重向量和模糊评价得到的隶属度矩阵选择合适的算子做合成运算，得到模糊综合评价向量。

6）采用最大隶属度原则对模糊评价矩阵进行分析，得到单指标评价结果；对模糊综合评价向量采用向量单值化法，得到评价综合得分，可以依此进行企业节能减排综合水平排序。

7）开发了河北省铁矿选矿业节能减排指标体系专用计算软件，使评价体系有较强的实用性及推广性。

三、评价体系的组成要素

1. 评价指标的递阶层次结构

在河北省铁矿选矿业节能减排评价这个总目标下，从资源消耗、污染排放、综合利用、选矿产品、节能减排工艺、能源管理、环境管理、技术研发能力 8 个不同角度，选取了 23 个评价指标，建立递阶层次结构，如图 5-1 所示。

2. 评价指标量化及评价等级划分

图 5-1 所示指标递阶层次结构中的 23 个 C 层评价指标，其中 15 个为定

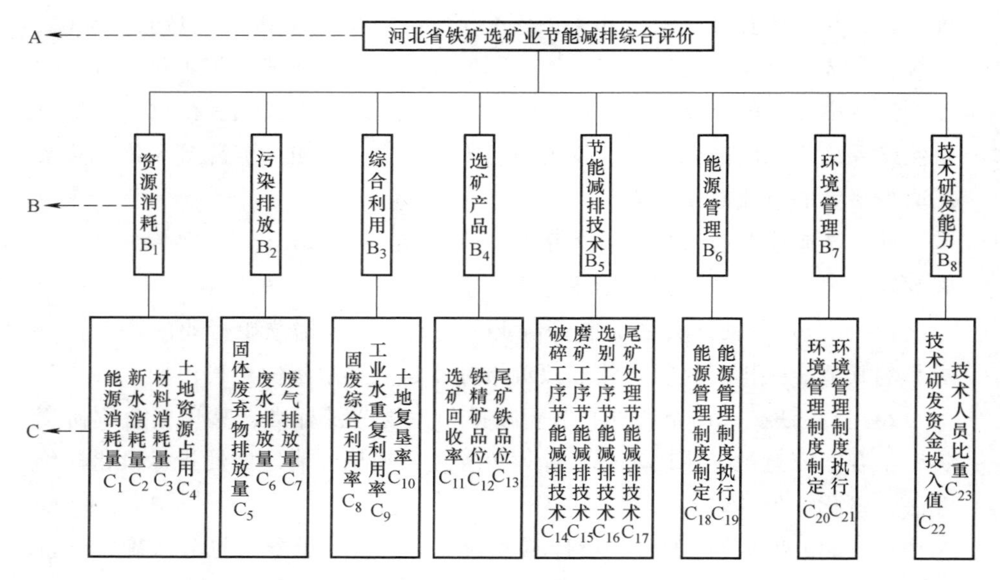

图 5-1　河北省铁矿选矿业节能减排评价体系递阶层次结构

量指标，8 个为定性指标。定量指标为企业内常用，易于理解，可用具体数值表达的指标；定性评价指标，通过进一步细化，尽量用数据和事实来制定具体的指标量化评价办法。企业按照自己的情况如实填写调查问卷，从而取得相应公正合理的分数。

制定评价指标评价等级，就是将选取的 23 个操作层指标，逐一按照优秀、良好、一般和较差划分为四个等级。在制定过程中，要对所有的企业一视同仁，适用统一的衡量标准。该评价体系的指标评价等级，是项目组根据有关数据进行初步拟定，然后采用专家咨询的办法，对指标评价等级分界点进行确定。

3. 专家打分法确定指标权重

权重是系统评价的重要信息，它根据指标对系统评价的贡献确定，是权衡节能减排评价指标体系中各指标轻重作用的数值，也叫重要性系数。该评价体系权重采用专家打分法进行确定，具体过程如下：

1）设计调查问卷。按图 5-1 所示的指标层次结构，建立两两比较判断矩阵打分表，问卷还要包括项目简介、指标定义、国家相关政策、行业相关标准等所有背景材料。

2）分发调查问卷。向确定的专家组成员一一分发调查问卷，说明答卷

的方法、意义和作用，力求所有专家能认真对待每次咨询，从而有效地保证了专家意见的可靠性。

3）计算矩阵特征向量。将多份专家填写好的调查问卷收回，并对专家打分表中所有的判读矩阵进行处理，计算特征向量，并将其进行归一，作为指标体系权重确定依据。

4）矩阵一致性检验及问卷调整。根据近似计算矩阵权重及特征值的方法，并将所有判断矩阵都进行一致性检验。对于不满足一致性的问卷，与专家沟通后，专家重新考虑意见，直到所有问卷都满足一致性。

5）在所有通过一致性检验的专家打分表中，将得到的多个 B-C 两两判断矩阵进行处理，计算特征向量。然后将该向量进行归一，并与其相关的上一层目标相乘，求得该份问卷的指标权重向量。

4. 评价结果的数值化处理

（1）单个评价指标结果处理　节能减排评价体系的单指标评价过程，就是根据隶属函数确定模糊评价矩阵 $\boldsymbol{R}$ 的过程，分下面两步进行：

1）构造隶属函数。综合各个指标数值分布特点及指标评价等级，为所有指标分别构造了不同的隶属函数。所有函数的大致结构均为三角形分布与半梯形分布相结合，即中间三角形分布，两端半梯形分布。

2）最大隶属度法。应用最大隶属度法对模糊综合评价矩阵 $\boldsymbol{R}$ 进行处理。若某模糊评价向量为 $\boldsymbol{B}=(b_1,\ b_2,\ \cdots,\ b_m)$，若 $b_i=\max\{b_1,\ b_2,\ \cdots,\ b_m\}$，则被评事物总体上来讲隶属于第 r 等级，即选择最大的 b_i 所对应的评语集中的 v_i 作为该指标评价的结果就是最大隶属度原则。例如：吨矿综合能源消耗量指标的模糊向量 $\boldsymbol{R}_1$ 为（0.37，0.63，0，0），则根据最大隶属度原则，吨矿综合能源消耗量指标的定性评价结果为良好。

（2）合成运算得到综合评价结果　将层次分析法得到的权重集与模糊评价得到的隶属度矩阵合成运算，最终形成一个可表征评价对象对各级标准隶属程度的综合评价集合。该评价体系采用加权平均的方法，将权重集 $\boldsymbol{W}$ 和单因素评价矩阵 $\boldsymbol{R}$ 合成运算，得到模糊综合评价向量。

（3）综合评价结果的单值化处理　通过给各个综合评价等级赋以分值，用对应的隶属度将分值加权求平均就可以得到一个点值；将得到的点值组成等值区间，分成若干等级。这样，根据在区间中的位置来判断评价结果等级归属，从而将综合评价结果——模糊集合单值化。

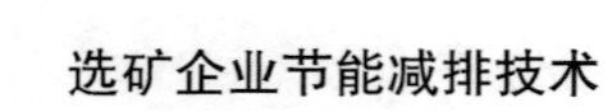

5. 节能减排评价体系专用计算软件

依据铁矿选矿业节能减排评价指标体系，以 Math. net 开源数值计算库为基础，使用 C 语言开发了河北省铁矿选矿业节能减排评价专用计算软件。

该软件具有语言兼容性好、界面友好、库函数及运算符丰富、安装文件小、程序可移植性好等优点，基本上不做修改就可以在各种版本的 Windows 操作系统上运行。该软件共包含 1 个程序文件和 2 个 Excel 工作簿，分别为权重数据工作簿和企业数据工作簿。在提供必要数据的基础上，能自动计算指标权重、企业模糊评价向量及综合得分，进行多个企业排序。该软件还有评价指标增删、重命名、评价结果输出及打印等功能。下面简要介绍该软件的各项功能。

1）打开软件后初始界面如图 5-2 所示。界面显示指标层次模型、权重、节能减排数据分析、模糊评价向量、节能减排综合评价和详细结果六个菜单。

图 5-2　节能减排评价体系专用计算软件初始界面

2）在指标层次模型菜单中，单击某个指标可以显示指标详情，包括编号、指标名称及指标评价标准（指标评价等级），右击某个指标可以编辑、删除指标，如图 5-3、图 5-4 所示。

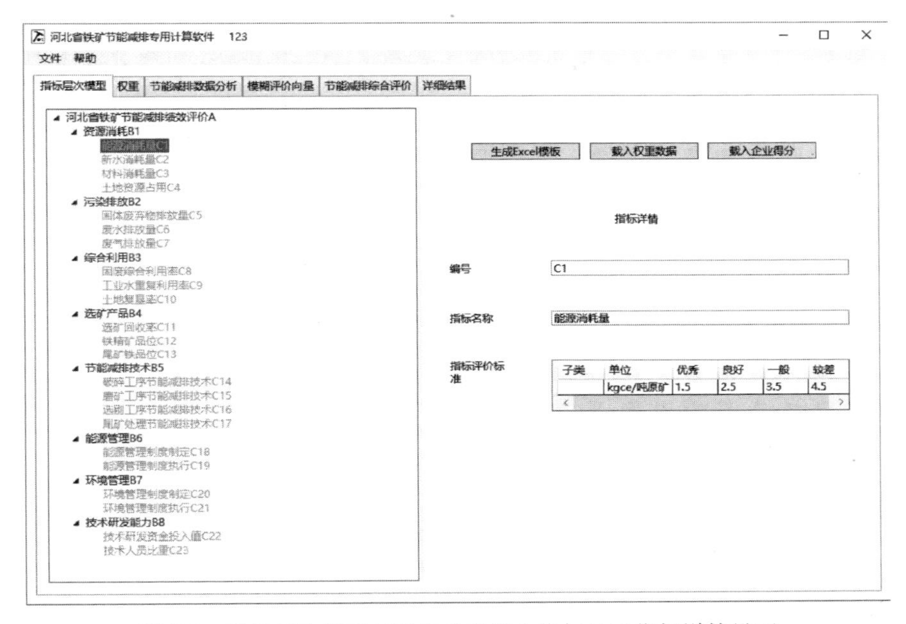

图 5-3 指标层次模型菜单中单击某个指标显示指标详情界面

图 5-4 指标层次模型菜单中右键单击某个指标显示指标编辑界面

3）在权重菜单中，单击某个B层指标可以显示判断矩阵、权重向量（分层）和权重图形三个二级菜单，单击某个二级菜单，可以显示该B层指标下相应C层指标的相应内容，如图5-5~图5-7所示。

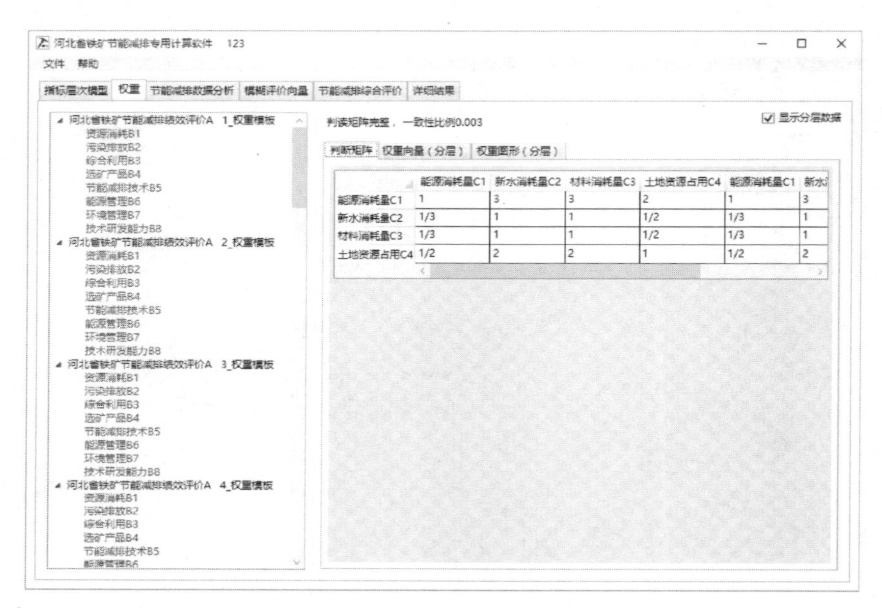

图5-5　权重菜单中单击某个指标显示界面

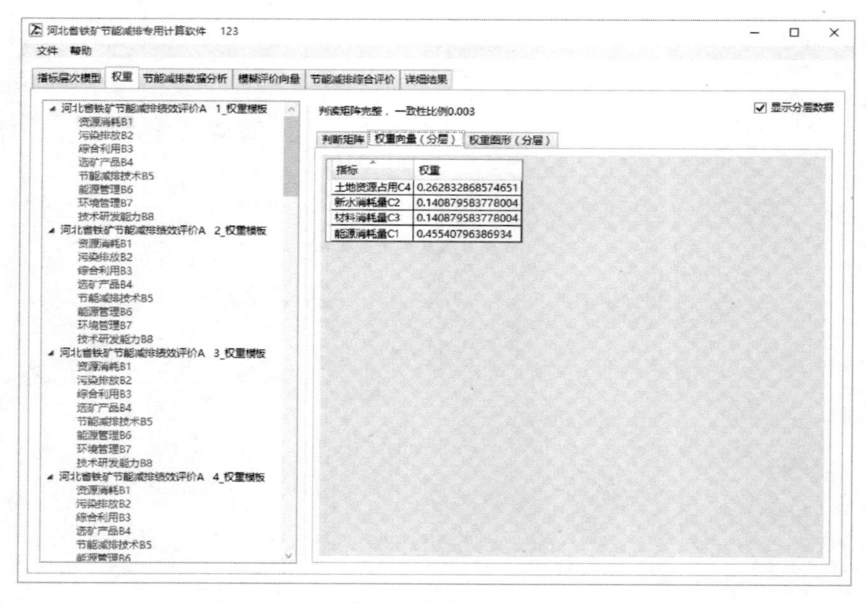

图5-6　权重菜单中单击权重向量显示界面

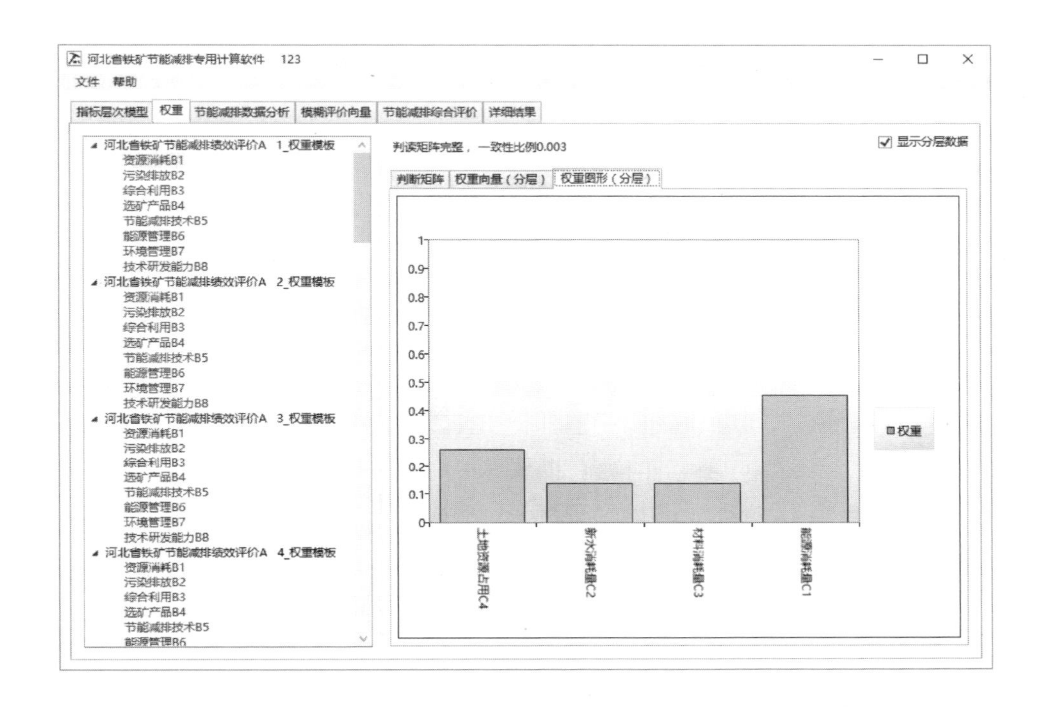

图 5-7　权重菜单中单击权重图形显示界面

4）在节能减排数据分析菜单中，单击某个企业得分模板可以显示各个指标得分、隶属度矩阵 $\boldsymbol{R}$ 和隶属度图形三个二级菜单，单击某个二级菜单可以显示某个企业得分相应内容，如图 5-8~图 5-10 所示。

5）在模糊评价向量菜单中，可以显示各个企业隶属于四个评价等级的程度，如图 5-11 所示。

6）在节能减排综合评价菜单中，可以显示各个企业综合得分及得分图形，如图 5-12 所示。

7）在详细结果菜单中，可以显示 23 个指标平均权重、模糊评价向量、各个企业综合得分、企业排序等内容，如图 5-13 所示。

总之，该软件是基于河北省铁矿选矿业节能减排评价体系研制的，能够自动进行铁矿选矿企业节能减排单指标评价、综合评价及等级划分，评价结果可视化，并能实现多个企业比较并排序。

指标	得分
能源消耗量C1	2.77
新水消耗量C2	0.34
材料消耗量C3	7.4
土地资源占用C4	100.0
固体废弃物排放量C5	0.40
废水排放量C6	0.05
废气排放量C7	12
固废综合利用率C8	33.47
工业水重复利用率C9	95.43
土地复垦率C10	85
选矿回收率C11 1	84.74
选矿回收率C11 2	
选矿回收率C11 3	
铁精矿品位C12 1	64.22
铁精矿品位C12 2	
铁精矿品位C12 3	
尾矿铁品位C13 1	7.45
尾矿铁品位C13 2	
尾矿铁品位C13 3	
破碎工序节能减排技术C14	97
磨矿工序节能减排技术C15	95.5
选别工序节能减排技术C16	88
尾矿处理节能减排技术C17	86
能源管理制度制定C18	98
能源管理制度执行C19	86
环境管理制度制定C20	98
环境管理制度执行C21	84
技术研发资金投入值C22	1800
技术人员比重C23	11.00

图 5-8 节能减排数据分析菜单中单击某企业得分显示界面

指标	优秀	良好	一般	较差	单指标评价
能源消耗量C1	0	0.73	0.27	0	良好
新水消耗量C2	0.1714	0.8286	0	0	良好
材料消耗量C3	0.4333	0.5667	0	0	良好
土地资源占用C4	0.5	0.5	0	0	优秀
固体废弃物排放量C5	0	0.5	0.5	0	一般
废水排放量C6	0.75	0.25	0	0	优秀
废气排放量C7	0	0.6	0.4	0	良好
固废综合利用率C8	1	0	0	0	优秀
工业水重复利用率C9	0.086	0.914	0	0	良好
土地复垦率C10	1	0	0	0	优秀
选矿回收率C11 1	0	0.974	0.026	0	良好
铁精矿品位C12 1	0	0.61	0.39	0	良好
尾矿铁品位C13 1	0	0.1833	0.8167	0	一般
破碎工序节能减排技术C14	1	0	0	0	优秀
磨矿工序节能减排技术C15	1	0	0	0	优秀
选别工序节能减排技术C16	0.5333	0.4667	0	0	优秀
尾矿处理节能减排技术C17	0.4	0.6	0	0	良好
能源管理制度制定C18	0.8667	0.1333	0	0	优秀
能源管理制度执行C19	0.0667	0.9333	0	0	良好
环境管理制度制定C20	0.8667	0.1333	0	0	优秀
环境管理制度执行C21	0	0.9333	0.0667	0	良好
技术研发资金投入值C22	0.6	0.4	0	0	优秀
技术人员比重C23	0	0.2	0.8	0	一般

图 5-9 节能减排数据分析菜单中单击隶属度矩阵 ***R*** 显示界面

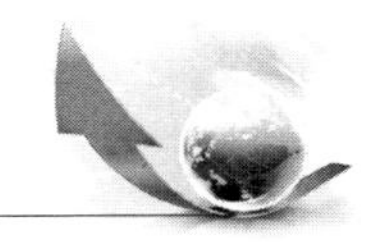

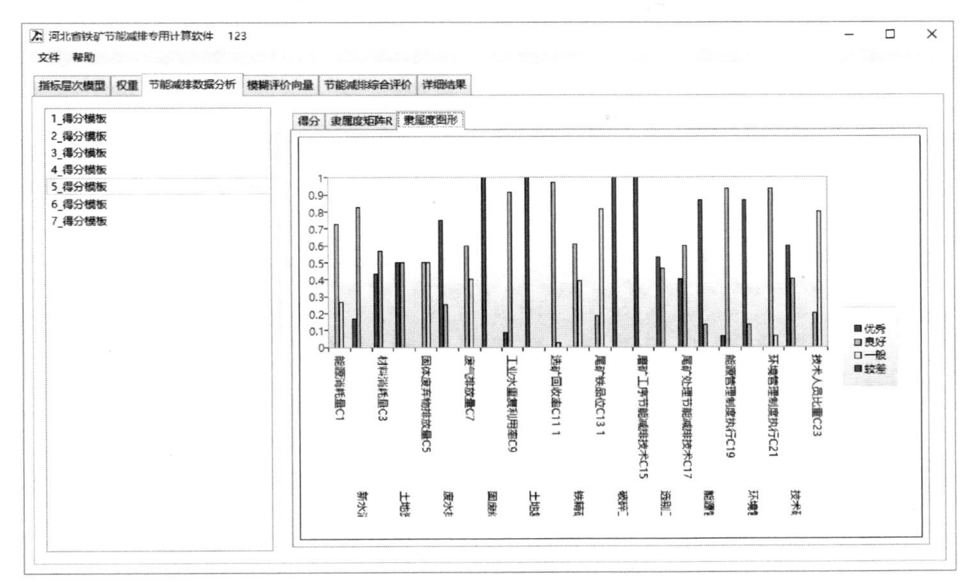

图 5-10 节能减排数据分析菜单中单击隶属度图形显示界面

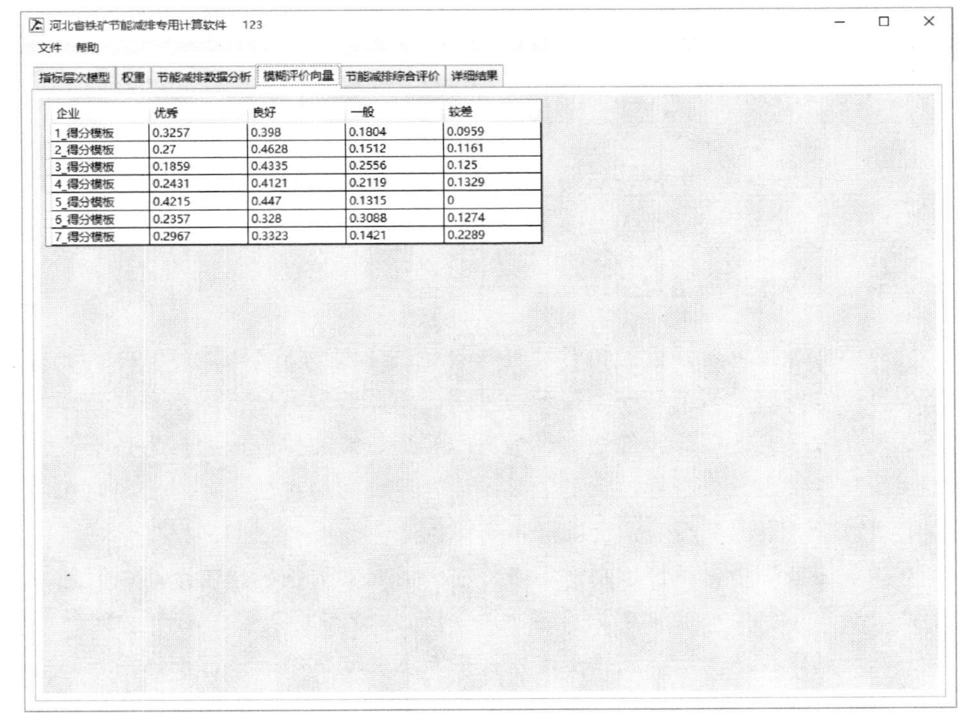

企业	优秀	良好	一般	较差
1_得分模板	0.3257	0.398	0.1804	0.0959
2_得分模板	0.27	0.4628	0.1512	0.1161
3_得分模板	0.1859	0.4335	0.2556	0.125
4_得分模板	0.2431	0.4121	0.2119	0.1329
5_得分模板	0.4215	0.447	0.1315	0
6_得分模板	0.2357	0.328	0.3088	0.1274
7_得分模板	0.2967	0.3323	0.1421	0.2289

图 5-11 模糊评价向量菜单显示界面

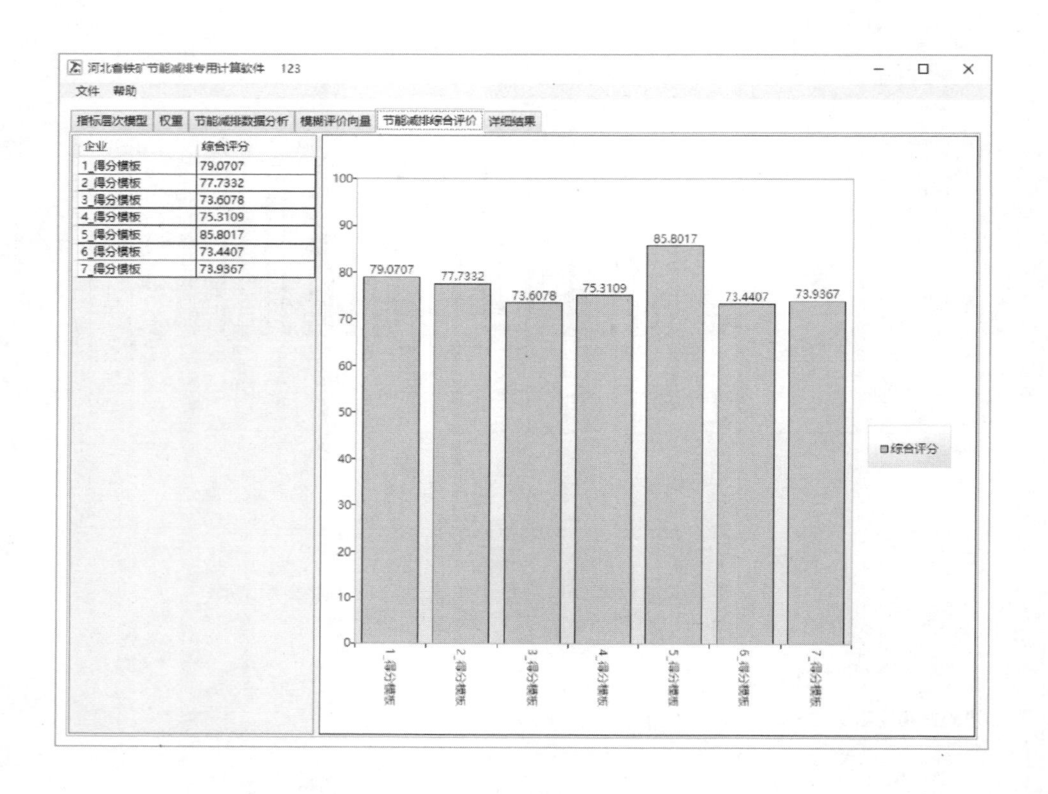

图 5-12　节能减排综合评价菜单显示界面

四、评价体系的相对性

对节能减排综合评价的相对性进行讨论并不是对节能减排评价的否定。能源可持续发展的研究是一个持续的过程，因此节能减排指标体系以及评价并不是一劳永逸的。那种静止地、绝对地看待节能减排评价的行为是不符合实际情况的，因此只有意识到节能减排综合评价的相对性，才能使我们在今后的研究中更具有灵活性，更能解决实际问题。

该节能减排指标评价体系适用于目前的河北省的铁矿选矿企业。但是由于铁矿选矿企业处理的铁矿石性质及生产工艺具有复杂性，随着时间的推移，铁矿选矿企业的节能减排工作也在不断发展变化中。该评价体系未必适用于所有的铁矿选矿企业，也未必适用于将来，这些都说明了该评价体系具有相对性。

河北省铁矿节能减排专用计算软件 123

文件 帮助

指标层次模型 | 权重 | 节能减排数据分析 | 模糊评价向量 | 节能减排综合评价 | 详细结果

平均权重

-	平均权重
C1能源消耗量	0.109247235410225
C2新水消耗量	0.0341241468668075
C3材料消耗量	0.0341241468668075
C4土地资源占用	0.0609328383591132
C5固体废弃物排放量	0.101084522821015
C6废水排放量	0.035918085734938
C7废气排放量	0.0333825456946782
C8固废综合利用率	0.0658403029495417
C9工业水重复利用率	0.0257480302109833
C10土地复垦率	0.0146921360488115
C11选矿回收率	0.0294476370278818
C12铁精矿品位	0.0144757696532834
C13尾矿铁品位	0.0146141248547231
C14破碎工序节能减排技术	0.0775393488413788
C15磨矿工序节能减排技术	0.0870382368423881
C16选别工序节能减排技术	0.0511839711426069
C17尾矿处理节能减排技术	0.0402253674101395
C18能源管理制度制定	0.0231349026064808
C19能源管理制度执行	0.0462698052129616
C20环境管理制度制定	0.0193834350947559
C21环境管理制度执行	0.0387668701895118
C22技术研发资金投入值	0.0214132700804837
C23技术人员比重	0.0214132700804837

模糊评价向量

企业	优秀	良好	一般	较差
1_得分模板	0.32570944787749	0.397989337533575	0.180430227412313	0.0958709871766218
2_得分模板	0.269992193049243	0.462752452521722	0.151177219865584	0.116078134563451
3_得分模板	0.185944390161445	0.433464882821388	0.255625485227853	0.124965241789315
4_得分模板	0.243131458524421	0.412149486289647	0.211854121361057	0.132864933824875
5_得分模板	0.421536429462243	0.447010405852734	0.131453164685023	0
6_得分模板	0.235702345653309	0.328042797761505	0.308843746505477	0.127411110079709
7_得分模板	0.296689449193426	0.33233922702183	0.142085992571259	0.228885331213485

综合得分

企业	综合得分
1_得分模板	79.0707449222387
2_得分模板	77.7331740811351
3_得分模板	73.6077684270993
4_得分模板	75.3109493902723
5_得分模板	85.8016652955444
6_得分模板	73.4407275797683
7_得分模板	73.9366558839039

企业排序

企业	综合得分
5_得分模板	85.8016652955444
1_得分模板	79.0707449222387

图 5-13 详细结果菜单显示界面

第四节　河北省铁矿选矿业节能减排评价体系的应用

为了检验节能减排评价体系的可靠性、方法的适用性，以河北省两家铁矿选矿企业为例，进行了节能减排评价体系实际应用。

一、企业实地调研收集数据

对选矿企业进行实地调研，收集节能减排评价相关数据，采用封闭式问卷调查的形式。问卷分为定量指标和定性指标两部分：定量指标均为铁矿选矿行业和环境保护部门最常用的指标，易于理解，按照企业统计期情况填写；每个定性指标细化为技术人员易于判断理解的问题，设置不同的选项及分值，定性指标满分均为 100 分。问卷中设置的问题要求明确，企业负责人、技术人员按照企业情况据实选择相应的选项，并汇总得分，保证了调研的真实性。

二、填写数据计算评价结果

1）将两家企业调研问卷数据进行分析，按照评价体系指标量化评价办法，把相关评价指标进行数值化处理。两家企业的 23 个评价指标数据见表 5-1。

表 5-1　两家企业的 23 个评价指标数据

企业简称 节能减排指标	企业 1	企业 2
能源消耗量/(kgce/t)①	1.68	2.35
新水消耗量/(m^3/t)	0.35	0.22
材料消耗量/(元/t)	13.90	11.50
土地资源占用/(m^2/万 t)	110	90
固体废弃物排放量/(t/t)	0.48	0.57
废水排放量/(m^3/t)	0.15	0.05
废气排放量/(mg/m^3)	8	8
固废综合利用率(%)	1.5	3.47

（续）

节能减排指标 \ 企业简称	企业1	企业2
工业水重复利用率(%)	74.6	87.78
土地复垦率(%)	80	80
选矿回收率(%)	91.77	86.70
铁精矿品位(%)	66.52	66.25
尾矿铁品位(%)	7.07	5.94
破碎工序节能减排技术/分	86	86
磨矿工序节能减排技术/分	88	85.5
选别工序节能减排技术/分	84	86.5
尾矿处理节能减排技术/分	86	86
能源管理制度制定/分	98	98
能源管理制度执行/分	86	86
环境管理制度制定/分	84	84
环境管理制度执行/分	70	70
技术研发资金投入值/(元/t)	2100	1500
技术人员比重(%)	9.00	9.20

① kgce是用1kg标准煤燃烧产生的能量表示的能源消耗量单位，1kgce = 7000kcal = 29307.6kJ ≈ 29.3MJ。kgce/t表示每处理1t矿的能源消耗量。

2）把表5-1数据填入名为“得分模板”的Excel文件，然后打开专用计算软件，分别载入两个企业的“得分模板”。

3）经过评价体系综合评价，分别得出河北两家铁矿选矿企业的单指标模糊评价结果及企业综合得分，如图5-14、图5-15所示。

三、评价结果说明

1. 企业1综合评价结果说明

根据企业1单指标模糊评价结果可以看出，该选矿厂23个操作指标中，7个指标为优秀，9个指标为良好，材料消耗量、固体废弃物排放、尾矿铁

品位、环境管理制度执行、技术人员比重 5 个指标为一般，固废综合利用率、工业水重复利用率 2 个指标为较差。

指标	优秀	良好	一般	较差	单指标评价
能源消耗量C1	0.82	0.18	0	0	优秀
新水消耗量C2	0.1429	0.8571	0	0	良好
材料消耗量C3	0	0.35	0.65	0	一般
土地资源占用C4	0.25	0.75	0	0	良好
固体废弃物排放量C5	0	0.1	0.9	0	一般
废水排放量C6	0.25	0.75	0	0	良好
废气排放量C7	0.4	0.6	0	0	良好
固废综合利用率C8	0	0	0	1	较差
工业水重复利用率C9	0	0	0	1	较差
土地复垦率C10	1	0	0	0	优秀
选矿回收率C11 1	0.677	0.323	0	0	优秀
铁精矿品位C12 1	0.5067	0.4933	0	0	优秀
尾矿铁品位C13 1	0	0.31	0.69	0	一般
破碎工序节能减排技术C14	0.4	0.6	0	0	良好
磨矿工序节能减排技术C15	0.5333	0.4667	0	0	优秀
选别工序节能减排技术C16	0.2667	0.7333	0	0	良好
尾矿处理节能减排技术C17	0.4	0.6	0	0	良好
能源管理制度制定C18	0.8667	0.1333	0	0	优秀
能源管理制度执行C19	0.0667	0.9333	0	0	良好
环境管理制度制定C20	0	0.9333	0.0667	0	良好
环境管理制度执行C21	0	0	1	0	一般
技术研发资金投入值C22	1	0	0	0	优秀
技术人员比重C23	0	0	0.8	0.2	一般

图 5-14　铁矿选矿企业 1 单指标模糊评价结果

指标	优秀	良好	一般	较差	单指标评价
能源消耗量C1	0.15	0.85	0	0	良好
新水消耗量C2	0.5143	0.4857	0	0	优秀
材料消耗量C3	0	0.75	0.25	0	良好
土地资源占用C4	0.75	0.25	0	0	优秀
固体废弃物排放量C5	0	0	0.65	0.35	一般
废水排放量C6	0.75	0.25	0	0	优秀
废气排放量C7	0.4	0.6	0	0	良好
固废综合利用率C8	0	0	0	1	较差
工业水重复利用率C9	0	0	0.556	0.444	一般
土地复垦率C10	1	0	0	0	优秀
选矿回收率C11 1	0.17	0.83	0	0	良好
铁精矿品位C12 1	0.4167	0.5833	0	0	良好
尾矿铁品位C13 1	0	0.6867	0.3133	0	良好
破碎工序节能减排技术C14	0.4	0.6	0	0	良好
磨矿工序节能减排技术C15	0.3667	0.6333	0	0	良好
选别工序节能减排技术C16	0.4333	0.5667	0	0	良好
尾矿处理节能减排技术C17	0.4	0.6	0	0	良好
能源管理制度制定C18	0.8667	0.1333	0	0	优秀
能源管理制度执行C19	0.0667	0.9333	0	0	良好
环境管理制度制定C20	0	0.9333	0.0667	0	良好
环境管理制度执行C21	0	0	1	0	一般
技术研发资金投入值C22	0	1	0	0	良好
技术人员比重C23	0	0	0.84	0.16	一般

图 5-15　铁矿选矿企业 2 单指标模糊评价结果

模糊评价向量结果为{0.3257，0.3980，0.1804，0.0959}，即有32.57%把握认为企业1节能减排水平优秀，有39.80%把握认为较好，有18.04%把握认为一般，有9.59%把握认为较差。

企业综合得分区间为［40，100］，综合得分按照等间距进行等级划分，其中，40~55、55~70、70~85、85~100分别对应为较差、一般、良好、优秀等级，企业1的综合得分为79.07，其定性评价等级为良好。

2. 企业2综合评价结果说明

根据企业2单指标模糊评价结果可以看出，该选矿厂23个操作指标中，新水消耗量、土地资源占用、废水排放量、土地复垦率、能源管理制度制定5个指标为优秀，能源消耗量、材料消耗量、废气排放量、选矿回收率、铁精矿品位、尾矿铁品位、破碎工序节能减排技术、磨矿工序节能减排技术、尾矿处理节能减排技术、能源管理制度执行、环境管理制度制定与执行、技术研发资金投入值13个指标为良好，固废综合利用率1个指标为较差。

模糊评价向量结果为{0.2700，0.4628，0.1512，0.1160}，即有27.00%把握认为企业2节能减排水平优秀，有46.28%把握认为良好，有15.12%把握认为一般，有11.61%把握认为较差。

企业2的综合得分为77.73，其定性评价等级为良好。

四、评价结果分析

1. 评价结果比较理想的指标

（1）资源消耗　两个企业资源消耗类准则层指标评价结果均较理想。这是由于资源消耗和成本直接相关，与企业的经济效益直接相关，因此企业资源消耗类指标控制得均较好，多数比较理想，对节能减排贡献较大。但由于矿石性质、选矿工艺、装备等客观条件限制，企业资源消耗类准则之间还是有些参差不齐。

（2）污染排放　该类准则中的废水排放量指标评价结果均为良好。这说明两个选矿企业废水排放问题很理想，对环境影响很小。废气排放量指标评价结果均为良好，说明废气排放问题比较理想。

（3）选矿产品　铁矿选矿产品类准则中的各个指标评价结果指标均较理想。这说明两个选矿企业选矿回收率和精矿品位、尾矿品位指标控制得较好。

（4）节能减排技术　节能减排技术类准则指标评价结果均较好。这说明两个选矿企业节能减排技术水平较先进。这是由于铁矿选矿企业重视工艺技术节能，从工艺的确定到设备的选型、开展节能技术改造等方面大力推广应用新技术，从而有效提高了节能减排水平。

（5）能源管理　能源管理类准则指标评价结果均较好。这说明选矿企业管理者已意识到节能减排对企业的经济效益、社会效益和生态效益等方面的影响，自觉加大了能源管理的力度，能源管理水平也在不断提高。

（6）环境管理　环境管理类准则指标评价结果均较好。这是由于环境法律、法规日趋严格，企业实施环境管理，及时获取这方面的信息，并及时修订目标、指标和管理方案，有效防止各种违法行为的发生，以避免可能受到的行政处罚。

（7）技术研发　技术研发类准则指标评价结果为优秀或良好。这是因为两个企业承担了国家大型项目，企业科研经费投入值指标优秀或良好。不过，当前选矿企业缺乏自主对节能减排研发经费的投入，应加大自主对节能减排研发经费的投入。

2. 需要改进的准则层指标

（1）污染排放　固废排放量指标评价结果为一般。这也是两个选矿企业的特点，处理的铁矿均为中低品位，尾矿产量大，固废排放量很大。

（2）综合利用　从评价结果看，两个企业综合利用各个指标普遍较差或差距很大。

1）工业水重复利用率指标的评价结果较差。这是因为两个企业由于管路铺设、设备、资金等原因，未能对进入尾矿库的废水回收利用，另外，精矿中带走的部分水分也造成了工业水重复利用率损失。但是外排的废水都符合外排水标准，因此对环境影响不大。

2）土地复垦率指标的评价结果差别很大。这是因为研究者收集数据时，一个企业的部分尾矿库没有闭库，造成这些尾矿库没有办法覆土、恢复植被等。这是土地复垦率数据较低的主要原因。

3）固废综合利用率指标评价结果较差。大致原因是：其一，缺乏统一的尾矿资源综合利用的指导性政策意见及推广示范工程，导致社会及企业对尾矿综合利用缺乏认识、重视程度不高，难以形成规模和产业化；其二，缺乏尾矿综合利用的公共技术层面的研究成果支持；其三，利用领域狭窄，没有形成“无尾矿生产”的产业链，尾矿利用量小；其四，尾矿综合利用技

术研究程度低，缺乏具有自主知识产权和高附加值的产品。

参 考 文 献

[1] 亚洲开发银行. 节能评价指标体系的设计与应用［M］. 北京：海洋出版社，2011.

[2] 聂颖，蒋卫东. 企业节能减排绩效评价指标体系探讨［J］. 商业会计，2010（22）：61-62.

[3] 张军，张宗华. 选矿节能降耗途径的思考［J］. 金属矿山，2007（5）：1-4，13.

[4] 王曼. 节能减排项目绩效评价研究——以河北省为例［D］. 石家庄：河北经贸大学，2010.

[5] 焦玉书. 世界铁矿资源开发实践［M］. 北京：冶金工业出版社，2013.

[6] 河北省地矿中心实验室. 河北省铁矿选矿业节能减排评价指标研究报告［R］. 2015.